果树司法鉴定类型
案例选编

杨志义　伊　凯　代建民　编著

GUOSHU SIFA JIANDING LEIXING
ANLI XUANBIAN

中国农业出版社
北　京

编　委　会

主　编：杨志义　伊　凯　代建民
副主编：葛志强　郑玉林　商广文
　　　　崔　勇　王永生
参　编：张天高　马梦含　杨　帆
　　　　李锦杨　苏　博　赵凯伦
　　　　王景峰　王　昊　刘艳华
　　　　杜松涛

前　言

　　我国是世界果树种植大国，果树栽培历史悠久，20世纪50年代以来，我国水果业发展较快，在80年代中后期进入了迅猛发展时期。然而，随着果树事业的快速发展，果树纠纷诉讼案件也时有发生。2005年，国家启动了司法鉴定管理体制改革，全国人大常委会出台了《关于司法鉴定问题的决定》，这为成立司法鉴定机构和开展司法鉴定业务活动提供了坚强的法律保证和制度保障。

　　为了更好地解决果树纠纷诉讼案件，2006年7月24日，由辽宁省司法厅审批登记，辽西果树司法鉴定所正式成立。鉴定所由7人组成，分别来自果树生产与技术推广工作岗位和科研工作岗位，其中2位专家获得了国务院特殊津贴奖励。辽西果树司法鉴定所的成立填补了国内果树业司法鉴定领域的空白。

　　司法鉴定既有保障案件真实发现的工具价值，又承载着实现公正和效率的程序价值。10余年来，辽西果树司法鉴定所始终坚守初心，坚持合法性、独立性、客观性、公正性原则，接受委托鉴定果树不同类型案件数量上百起。

　　经过多年的司法鉴定实践工作，鉴定人员积累了丰富的果树鉴定经验，为了全面总结过去在开展果树业类司法鉴定活动上取得的成果与经验，《果树司法鉴定类型案例选编》应运而生。期望能给同仁和读者以启迪和帮助，这是我们的愿望所归。编写本书，对于鉴定人来说是全新的探索，由于实践经验和业务水平有限，难免存在疏漏与不足之处，敬请专家和读者批评指正，以便今后完善提高。

编　者

2019年12月

目　　录

前　言

概　论 ……………………………………………………………………………………… 1

第一章　果树品种鉴定案例 ……………………………………………………………… 3

　案例1　某果树司法鉴定所关于设施栽培葡萄树的品种鉴定 ………………………… 4

　案例2　某果树司法鉴定所关于设施栽培油桃树的品种鉴定 ………………………… 7

　案例3　某果树司法鉴定所关于栽培枣树的品种鉴定 ………………………………… 10

第二章　果树树龄鉴定案例 ……………………………………………………………… 13

　案例4　某果树司法鉴定所关于栽培山楂树的树龄鉴定 ……………………………… 14

　案例5　某果树司法鉴定所关于栽培葡萄树的树龄鉴定 ……………………………… 17

　案例6　某果树司法鉴定所关于栽培枣树的树龄鉴定 ………………………………… 20

　案例7　某果树司法鉴定所关于栽培杏树的树龄鉴定 ………………………………… 23

　案例8　某果树司法鉴定所关于栽培梨树的树龄鉴定 ………………………………… 26

第三章　果树春季栽植成活率鉴定案例 ………………………………………………… 29

　案例9　某果树司法鉴定所关于购买外地寒富苹果苗春栽成活率低原因的鉴定 ……… 30

　案例10　某果树司法鉴定所关于购买当地寒富苹果苗春栽成活率低原因的鉴定 …… 33

　案例11　某果树司法鉴定所关于园区建设征地承包人春栽果树成活率的鉴定 ……… 36

第四章　果树得病原因及受害损失鉴定 ………………………………………………… 41

　案例12　某果树司法鉴定所关于4户梨树得病原因及受害损失的鉴定 ……………… 42

   案例13　某果树司法鉴定所关于112户南果梨树得病原因及受害损失的鉴定 ·········· 46

   案例14　某果树司法鉴定所关于板栗树等因高速封路不能管理造成损失的鉴定 ······ 49

第五章　果树死亡原因及损失鉴定案例 ········· 53

   案例15　某果树司法鉴定所关于6户春栽矮化砧苹果树死亡原因的鉴定 ·········· 54

   案例16　某果树司法鉴定所关于枣树死亡原因及损失的鉴定 ········· 57

   案例17　某果树司法鉴定所关于设施栽培葡萄树死亡原因及损失的鉴定 ········· 61

   案例18　某果树司法鉴定所关于设施栽培油桃树、葡萄树死亡原因及损失的鉴定 ··· 64

   案例19　某果树司法鉴定所关于设施栽培大樱桃树死亡原因的鉴定 ·········· 67

第六章　果树遭受水淹损失鉴定案例 ········· 71

   案例20　某果树司法鉴定所关于苹果树及苗木受水淹死亡损失的鉴定 ········· 72

   案例21　某果树司法鉴定所关于果树受水淹死亡损失的鉴定 ········· 75

   案例22　某果树司法鉴定所关于果树受水淹死亡损失的鉴定 ········· 79

第七章　果树遭受盐水危害损失鉴定案例 ········· 83

   案例23　某果树司法鉴定所关于桃树受盐水危害 死亡损失的鉴定 ········· 84

第八章　果树因灌水原因造成减产损失鉴定案例 ········· 87

   案例24　某果树司法鉴定所关于9户45栋设施栽培葡萄树因灌水原因造成

      减产损失的鉴定 ········· 88

第九章　果树遭受沙石流淹埋损失鉴定案例 ········· 93

   案例25　某果树司法鉴定所关于果树受沙石流淹埋死亡损失的鉴定 ········· 94

第十章　果树因施用含氯肥料造成损失鉴定案例 ········· 97

   案例26　某果树司法鉴定所关于设施栽培油桃树因施用含氯肥料造成损失的鉴定 ··· 98

   案例27　某果树司法鉴定所关于5个村果树施用含氯有机肥料造成损失的鉴定 ······· 101

第十一章　果树被砍伐损失鉴定案例 ········· 105

   案例28　某果树司法鉴定所关于苹果树被砍伐损失的鉴定 ········· 106

   案例29　某果树司法鉴定所关于梨树被毁坏损失的鉴定 ········· 109

   案例30　某果树司法鉴定所关于葡萄树被砍伐损失的鉴定 ········· 112

   案例31　某果树司法鉴定所关于撂荒桃树被砍伐损失的鉴定 ········· 115

第十二章　果树被人为喷药伤害损失鉴定案例 ················· 119

案例32　某果树司法鉴定所关于6户巨峰葡萄树被人为喷药损失的鉴定 ········· 120

案例33　某果树司法鉴定所关于黑奥林葡萄树被人为喷药损失的鉴定 ········· 124

第十三章　果树被偷盗损失鉴定案例 ················· 127

案例34　某果树司法鉴定所关于栽培6年榛子树被偷盗损失的鉴定 ········· 128

第十四章　果树受勘探放炮飞石伤害损失鉴定案例 ················· 131

案例35　某果树司法鉴定所关于果树受放炮飞石伤害损失的鉴定 ········· 132

第十五章　果树受树木根系入侵危害损失鉴定案例 ················· 137

案例36　某果树司法鉴定所关于梨树等受相邻绿化树根入侵危害损失的鉴定 ········· 138

第十六章　果树受遮光影响造成损失鉴定案例 ················· 141

案例37　某果树司法鉴定所关于设施栽培葡萄树是否受相邻大棚遮光影响
　　　　及损失的鉴定 ········· 142

案例38　某果树司法鉴定所关于新建大棚是否对相邻果树生长有遮光影响
　　　　及损失的鉴定 ········· 145

第十七章　果树因授粉原因造成减产损失鉴定案例 ················· 149

案例39　某果树司法鉴定所关于197户南果梨树因授粉原因造成减产损失的鉴定 ········· 150

第十八章　果树受除草剂危害损失鉴定案例 ················· 153

案例40　某果树司法鉴定所关于苹果树受除草剂危害损失的鉴定 ········· 154

案例41　某果树司法鉴定所关于南果梨树受除草剂危害损失的鉴定 ········· 157

案例42　某果树司法鉴定所关于5户葡萄树受除草剂危害损失的鉴定 ········· 161

案例43　某果树司法鉴定所关于五味子树受除草剂危害损失的鉴定 ········· 165

第十九章　果树受污染危害损失鉴定案例 ················· 169

案例44　某果树司法鉴定所关于梨树受工厂排放污水废气危害损失的鉴定 ········· 170

案例45　某果树司法鉴定所关于设施栽培樱桃树死亡是否与相邻建高铁施工
　　　　水泥粉尘污染有因果关系的鉴定 ········· 173

案例46　某果树司法鉴定所关于葡萄扦插育苗受修公路水泥扬尘危害损失的鉴定 ··· 177

案例47　某果树司法鉴定所关于樱桃树等受风力发电 转头处漏油污染损失的鉴定 ··· 181

案例48　某果树司法鉴定所关于果树受工厂生产排放粉尘烟雾污染损失的鉴定 ······ 184

案例49　某果树司法鉴定所关于果树受水泥厂生产水泥粉尘污染损失的鉴定 ……… 188

第二十章　果树发生火灾造成损失鉴定案例 …………………………………… 193

案例50　某果树司法鉴定所关于设施栽培油桃树发生火灾损失的鉴定 ………… 194

案例51　某果树司法鉴定所关于葡萄树因货车起火燃烧造成损失的鉴定 ………… 198

案例52　某果树司法鉴定所关于果树被火烧伤程度及损失的鉴定 ………………… 201

第二十一章　征占土地承包期栽植果树价值鉴定案例 ……………………… 205

案例53　某果树司法鉴定所关于埋设供水管道征占栽培葡萄树价值的鉴定 ……… 206

案例54　某果树司法鉴定所关于埋设管道征占设施栽培葡萄树、

油桃树价值的鉴定 ………………………………………………………… 213

案例55　某果树司法鉴定所关于水库建设征占设施栽培杏树价值的鉴定 ……… 216

案例56　某果树司法鉴定所关于水库建设征占设施栽培桃树价值的鉴定 ……… 219

第二十二章　承包土地到期栽植果树价值鉴定案例 ………………………… 223

案例57　某果树司法鉴定所关于承包土地到期栽植果树价值的鉴定 …………… 224

案例58　某果树司法鉴定所关于承包土地到期 栽植和高接梨树价值的鉴定 ……… 228

案例59　某果树司法鉴定所关于承包土地到期栽植果树价值的鉴定 ………… 231

案例60　某果树司法鉴定所关于承包土地到期栽植榛子树价值的鉴定 ………… 236

后记 ………………………………………………………………………………… 239

概　　论

　　司法鉴定是指在诉讼过程中，由司法机关指派或当事人委托具有执业资质的人对诉讼中的专门性事实问题做出断定的一种活动。它具有法律性、科学性和主观性3个基本特征。人类认识能力的非至上性是司法鉴定的认识论基础；多元价值的冲突与平衡是司法鉴定的价值论基础；社会分工的精细是司法鉴定的社会学基础；科学技术的发展是司法鉴定的自然科学基础。司法鉴定在延伸裁判者对专门事实的认识能力和补强其他证据的证明力上发挥着重要功能。

　　司法鉴定的3个基本构成要素是：鉴定人、鉴定结论和鉴定程序。这3个要素的共同作用，使得司法鉴定在实践中能够在理想状态下运行，维系司法公正在具体制度层面上的落实。司法鉴定实行鉴定人负责制度，鉴定人承担法律责任；鉴定人采用该专业领域的技术标准、规范及方法，以及行业方面的政策、文件等进行鉴定，以司法鉴定文书的格式制作司法鉴定意见书，鉴定意见书要求图文并茂。

　　果树司法鉴定是司法鉴定专业领域的构成部分，在保护果农合法权益，维护农村社会稳定，为司法机关审理民事纠纷案件提供科学、具有法律效力的鉴定结论和依据方面具有重要的作用。辽西果树司法鉴定所的司法鉴定工作，开辟了果树科研服务"三农"和司法工作的一个新领域。

　　根据果树鉴定案例不同性质，对案例进行归纳归类整理，最终整理为果树品种鉴定、果树树龄鉴定、果树春季栽植成活率鉴定、果树得病原因及受害损失鉴定、果树死亡原因及损失鉴定、果树遭水淹损失鉴定、果树遭受盐水危害损失鉴定、果树被人为喷药伤害损失鉴定、果树受除草剂危害损失鉴定等22类。在22类案例当中，又依据树种、品种的不同，选出60个比较典型案例，编写成书。

　　每章案例选编数量如下：第一章果树品种鉴定选编3例；第二章果树树龄鉴定选编5例；第三章果树春季栽植成活率鉴定选编3例；第四章果树得病原因及受害损失鉴定选编3例；第五章果树死亡原因及损失鉴定选编5例；第六章果树遭受水淹损失鉴定选编3例；第七章果树遭受盐水危害损失鉴定选编1例；第八章果树因灌水原因造成减产损失鉴定选编1

例；第九章果树遭受沙石流掩埋伤害损失鉴定选编1例；第十章果树因施用含氯肥料造成损失鉴定选编2例；第十一章果树被砍伐伤害损失鉴定选编4例；第十二章果树被人为喷药伤害损失鉴定选编2例；第十三章果树被偷盗损失鉴定选编1例；第十四章果树受勘探放炮飞石伤害损失鉴定选编1例；第十五章果树受树木根系入侵危害损失鉴定选编1例；第十六章果树受遮光影响损失鉴定选编2例；第十七章果树因授粉原因造成减产损失鉴定选编1例；第十八章果树受除草剂危害损失鉴定选编4例；第十九章果树受污染危害损失鉴定选编6例；第二十章果树发生火灾造成损失鉴定选编3例；第二十一章征占土地承包期栽植果树价值鉴定选编4例；第二十二章承包土地到期栽植果树价值鉴定选编4例。每一个鉴定案例都由基本情况、检案摘要、检验过程、分析说明、鉴定意见5部分构成，并附有现场鉴定照片。60个典型案例为果树常见纠纷的司法鉴定提供了丰富的实践经验。

辽西果树司法鉴定所开展果树业类司法鉴定活动以来，较圆满地完成司法机关、公民、组织等委托的鉴定任务，在社会上已树立起良好的公信力和知名度。同时面向社会也开展了法律援助和业务咨询活动，为化解矛盾，维护社会稳定做出了应有的贡献。

第一章

果树品种鉴定案例

案例1

某果树司法鉴定所关于设施栽培葡萄树的品种鉴定

某果司鉴所〔2014〕果鉴字第×号

一、基本情况

委托单位：辽宁省沈阳市某县公安局

委托鉴定事项：对申请人设施栽植葡萄苗（树）是否为"维多利亚"品种进行鉴定

受理日期：2014年4月5日

鉴定材料：某县公安局鉴定聘请书，提供相关鉴定材料，现场鉴定设施内栽培生长的葡萄苗（树）等

鉴定日期：2014年4月6日

在场人员：鉴定委托方警官代表人，申请人、当事人等

二、检案摘要

申请人于2013年4月，从某地购买55 000株维多利亚品种葡萄苗，设施栽培，到2014年3月通过栽培观察发现，有的葡萄苗不是维多利亚品种，向公安部门报案维权，产生葡萄苗木品种真假纠纷一案。

三、检验过程

果树司法鉴定人，出委托鉴定葡萄树现场，对申请人13栋大棚内生长着的葡萄树，逐个进行鉴定调查。在每个棚内随机选择30株葡萄树，每株树选择一两个正常生长的新梢，从新梢基部向上选择第6～9节上的叶片作为鉴定调查叶片。为满足鉴定需要，对每个棚的葡萄树都要进行全面的勘验调查。同时调查了解与鉴定有关的情况。

（一）鉴定设施栽培葡萄树叶片生长表现

1.嫩梢：黄绿色，浅绿色。

2.新梢：生长直立，绿色。

3.节间：中等长度，绿色。

4.叶片：3～5裂，上裂刻深、中深，闭合或V形；下裂刻浅，中裂片尖，上侧裂片叶齿尖。

5.幼叶：浅绿色，黄绿色。

6.成叶：心脏形或近圆形；中等大，薄，绿色，叶片上下无毛、光滑，叶缘锯齿双侧直或略下。

7.叶柄：绿色，短于叶片中脉，均长7.28厘米（叶片中脉均长11.59厘米）。柄洼开张，窄拱形、椭圆形、圆形；叶柄与叶脉交接处有的有少量绒毛。

8.树势：生长势强。

（二）维多利亚葡萄品种叶片生长表现

1.幼叶：黄绿色，边缘稍带红晕，有光泽。

2.叶片：3～5裂，上裂刻深，下裂刻浅；中等大，近圆形；锯齿小而钝，叶缘稍反卷。

3.叶柄：黄绿色，叶柄与叶片主脉等长，叶柄洼开张、宽拱形。

4.树势：生长势中庸。

四、分析说明

申请人采用设施栽培生产葡萄，投入大，见效快，效益高，是目前高效农业的发展方向。申请人购买维多利亚葡萄品种苗，经过设施栽培，一年左右后发现，有29 000株是维多利亚葡萄品种，有26 000株不是维多利亚葡萄品种，这些杂品种葡萄植株生长旺盛，但不结果，给生产者造成严重的经济损失。

五、鉴定意见

葡萄树叶片的各种特征是鉴别品种的重要标志。通过鉴定申请人设施栽培葡萄树的典型叶片，以及对果穗、果粒鉴别（与相邻设施栽培维多利亚葡萄品种比较），认定所鉴定的26 000株葡萄树不是维多利亚品种。

附件：1.现场鉴定其他品种葡萄与维多利亚品种葡萄照片

2.司法鉴定人执业证（略）

3.司法鉴定许可证（略）

司法鉴定人：（略）

司法鉴定人：（略）

司法鉴定人：（略）

司法鉴定人：（略）

司法鉴定机构：

某果树司法鉴定所

二〇一四年四月十七日

案例1附图

图1-1　鉴定设施栽培其他品种葡萄树

图1-2　鉴定设施栽培维多利亚品种葡萄叶片　　图1-3　设施栽培维多利亚品种葡萄果实

案例2
某果树司法鉴定所关于设施栽培油桃树的品种鉴定

某果司鉴所〔2014〕果鉴字第×号

一、基本情况

委托单位：辽宁省某市人民法院

委托鉴定事项：鉴定设施栽培是否为油桃－7品种

受理日期：2014年5月29日

鉴定材料：司法鉴定委托书，司法鉴定协议书，现场设施栽培生长、结果的油桃树等

鉴定日期：2014年5月30日

鉴定地点：某村4户设施栽培生产的油桃树地块

在场人员：委托鉴定方法官代表人、每户当事人等

二、检案摘要

4户当事人为发展设施高效油桃生产，向出售苗木当事人购买油桃－7品种，双方签订买卖合同（协议），在大棚里栽植生产。当树结果后，果实近成熟期发现不像油桃-7品种，因此双方产生经济纠纷一案。

三、检验过程

果树司法鉴定人，出委托鉴定的4户大棚油桃生产现场，在现场针对委托鉴定事项认真展开勘验调查鉴定。

（一）鉴定调查大棚油桃树上结的果实

在每个棚里随机选择10株代表性油桃树，在每株树上采摘5个近成熟的果实，作为油桃树品种鉴定样品果。

（二）鉴定调查大棚油桃树的果实产量、成熟期、市场价格等情况

每棚调查20株油桃树，单株平均结果3.8千克，折算亩*产1 500千克。果实5月下旬成熟上市。油桃－7平均每千克销售价格18元，其他油桃品种平均每千克销售价格12元，品种之间差价每千克在6元左右。

---

*亩为非法定计量单位，1亩＝666.667平方米（0.0667公顷）——编者注。

（三）鉴定调查每户大棚面积和栽培株数

鉴定鉴别每户大棚栽培结果：1号当事人2个大棚面积4.82亩，油桃－7桃树1 700株，普通桃树90株；2号当事人大棚面积4.47亩，油桃－7桃树1 330株，普通桃树150株；3号当事人大棚面积3.24亩，油桃-7桃树830株，普通桃树70株；4号当事人大棚面积3.94亩，油桃－7桃树1 045株，普通桃树15株。

四、分析说明

4户当事人发展设施油桃果树，属于北方大棚生产栽培模式，桃树生长、结果为正常。栽培油桃树结果以后发现不是油桃－7，买卖双方应根据合同（协议）协商解决。并应及早采取品种高接换头，或重新栽植，尽量减少栽培者因品种差别造成的经济损失。

五、鉴定意见

（一）油桃－7品种特征

果实个头较大，圆形，缝合线浅、近平，两半部对等或一边略大；果梗短，梗洼浅，窄；果顶平或略尖，果顶线略凹或平；果面红色或深红色；果肉黄色，风味甜，汁少；黏核。树势壮，枝条生长向上。

（二）其他油桃品种特征

果实个头较大，果偏圆形，两半部不对称，梗洼深，缝合线深，果顶线凹深，果顶、果面红色或红黄色，果肉淡黄，风味酸甜，黏核。树势枝条表现开张，下垂生长。

鉴定认定该品种不是油桃－7，而是其他品种。

附件：1.现场鉴定油桃品种照片
　　　2.司法鉴定人执业证（略）
　　　3.司法鉴定许可证（略）

司法鉴定人：（略）
司法鉴定人：（略）
司法鉴定人：（略）
司法鉴定人：（略）

司法鉴定机构：

某果树司法鉴定所

二〇一四年六月十九日

案例2附图

图2-1　鉴定当事人设施栽培油桃树品种

图2-2　鉴定设施栽培其他品种油桃树的果实

图2-3　鉴定设施栽培油桃－7的果实

案例3

某果树司法鉴定所关于栽培枣树的品种鉴定

某果司鉴所〔2014〕果鉴字第×号

一、基本情况

委托单位：辽宁省某市中级人民法院

委托鉴定事项：对申请人房后北山、荒山、柳树沟3块土地利用野生山枣树嫁接大枣品种树予以鉴定

受理日期：2014年3月3日

鉴定材料：委托鉴定移送表，提供勘验枣树株数材料，现场的枣树等

鉴定日期：2014年3月13日

在场人员：鉴定委托方办案法官代表人、申请人、当事人等

二、检案摘要

申请人在承包土地期间利用野生山枣树嫁接大枣品种，因被申请人想收回申请人所经营的山地和嫁接后已进入结果期的大枣树，双方产生经济纠纷一案。

三、检验过程

果树司法鉴定人，出委托鉴定枣树品种现场，对3块地上利用山枣嫁接大枣品种的树认真开展鉴定调查。对全园进行全面调查，对嫁接了大枣品种的山枣树逐株进行鉴别、清查、检测、记录、拍照等工作。同时调查了解与鉴定有关的情况。

四、分析说明

申请人在经营期间，在3块地上用野生山枣嫁接大枣品种，改变了品种，增加了投入，增强了枣园的综合生产潜力和效益。经过鉴定调查，申请人在房后北山地块嫁接大枣77株，7～8年生；在荒山地块嫁接大枣2 003株，7～11年生；在柳树沟地块嫁接大枣92株，12～13年生。嫁接2个大枣品种，一个是大平顶品种，一个是三星品种。大平顶品种，单果重16～18克，果实长圆形，下大上小，果顶近平，果面红色有光滑，果皮薄，果肉脆甜，含糖量27%，9月中下旬果实成熟。三星品种，单果重22克，果实长圆形，果面红黄色，有光滑，含糖量26%，成熟期9月下旬。

五、鉴定意见

申请人在3块地上利用野生山枣嫁接大枣品种。嫁接大枣品种是大平顶枣品种和三星枣

品种，以大平顶枣品种为主。

  附件：1.现场鉴定枣树品种照片
     2.司法鉴定人执业证(略)
     3.司法鉴定许可证(略)

司法鉴定人：(略)
司法鉴定人：(略)
司法鉴定人：(略)
司法鉴定人：(略)
司法鉴定人：(略)
司法鉴定人：(略)
司法鉴定人：(略)

司法鉴定机构：

                 某果树司法鉴定所
                 二〇一四年三月十六日

案例3附图

图3-1　鉴定申请人利用野生山枣嫁接大平顶品种枣树

图3-2　鉴定申请人利用山枣嫁接大平顶枣品种丰产

第二章

果树树龄鉴定案例

案例4

某果树司法鉴定所关于栽培山楂树的树龄鉴定

某果司鉴所〔2016〕果鉴字第×号

一、基本情况

委托单位：辽宁省某市中级人民法院

委托鉴定事项：对被告标记的山楂树，原告指定的山楂树进行树龄鉴定

受理日期：2015年12月29日

鉴定材料：司法鉴定委托书、司法鉴定协议书、山楂树承包合同、民事诉状等，鉴定现场地块上的山楂树等

鉴定日期：2016年1月26日

鉴定地点：某县某乡某村，原告的山楂树园区

在场人员：鉴定委托方办案法官代表人、原告人、被告人、村民代表人等

二、检案摘要

原告与被告之间因山楂园承包合同发生矛盾，原告认为被告在承包缴费上违约，想终止合同。被告在承包期补栽过山楂树。双方因此产生树木资产纠纷一案。

三、检验过程

1999年4月，双方签订山楂园承包合同上载明，山楂园面积29.94亩，15年生山楂树1 100株。果树司法鉴定人出委托鉴定山楂树现场，认真对山楂园中的山楂树龄进行鉴定。鉴定方式采取原告与被告在山楂园中各自选择2株有代表性的山楂树作为树龄的鉴定树。

山楂树树龄鉴定采取从主干基部截断主干或截断主枝两种方法进行。对有保留价值的树，鉴定应尽量采用多保留树冠、枝量，少毁枝、毁树的科学方法。

对鉴定树龄的山楂树，采取截段取样，调查拍照，全园勘察，室内检验、检测等鉴定方法。

四、分析说明

鉴定的山楂树园坐落在水库岸边坡地上，梯田栽植；栽植株行距2.5米×3.3米不等；树冠大小不一，树的高矮不齐，园相不整齐。该园属于粗放管理，投入不足，缺乏生产后劲，产量低，质量差，效益低。

五、鉴定意见

1.鉴定原告选择的山楂树树龄为31年生。

2.鉴定被告选择的山楂树树龄为17年生。

附件：1.现场鉴定山楂树树龄照片

2.司法鉴定人执业证（略）

3.司法鉴定许可证（略）

司法鉴定人：（略）

司法鉴定人：（略）

司法鉴定人：（略）

司法鉴定机构：

某果树司法鉴定所

二〇一六年一月二十八日

案例4附图

图4-1　鉴定山楂园山楂树树龄

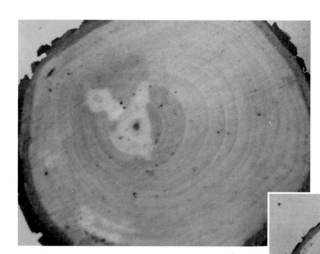

图4-2　鉴定被告山楂树的树龄

图4-3　鉴定原告山楂树的树龄

案例5

某果树司法鉴定所关于栽培葡萄树的树龄鉴定

某果司鉴所〔2018〕果鉴字第×号

一、基本情况

委托单位：辽宁省辽阳市某镇某村委会

委托鉴定事项：对征占当事人16亩葡萄树的树龄鉴定

受理日期：2018年6月25日

鉴定材料：司法鉴定委托书，当事人承包地上栽培的葡萄树等

鉴定日期：2018年6月27日

鉴定地点：辽阳市某镇某村，当事人栽培葡萄树地块

在场人员：鉴定委托方镇、村代表人，当事人、代表人等

二、检案摘要

因招商项目开发，征占当事人16亩葡萄树地块，需要对地上葡萄树树龄进行鉴定，作为葡萄树补偿的依据。

三、检验过程

果树司法鉴定人，出委托鉴定当事人葡萄园地现场，在现场对全园葡萄树栽培情况进行全面勘查。对鉴定葡萄树树龄全园采取随机定点、定树，采取用剪子、锯对选定葡萄树根颈部截断取样的鉴定方法，选定12点，定树12株，取样12段，对取样的12段在室内采用境下检验、检测、鉴别。对全园栽培葡萄树情况进行记录、拍照。同时调查了解与鉴定有关的情况。

四、分析说明

鉴定当事人有葡萄树16亩，品种为香悦，葡萄园规划整齐，平耕地栽培，南北行，东西架面，株距0.4～0.5米，行距5米，亩栽333株左右，小棚架，水泥立柱，铁线架面，生产设施齐全，葡萄管理水平较高，葡萄生长发育良好，果实套袋生产。该葡萄园在当地是一个规模较大、葡萄品种优新、葡萄优质高效的生产示范园。葡萄成熟之前就有买主提前预购，几年来葡萄很畅销，市场价位高，每千克价格在8元左右，很有发展前途。

五、鉴定意见

鉴定结果：对全园具代表性葡萄树主蔓上截取的12段样本检验，全园葡萄树的树龄均

在6年生、7年生、8年生范围，树龄不等。

附件：1.鉴定葡萄树树龄照片
　　　2.司法鉴定人执业证（略）
　　　3.司法鉴定许可证（略）

司法鉴定人：（略）
司法鉴定人：（略）
司法鉴定人：（略）
司法鉴定人：（略）

司法鉴定机构：

某果树司法鉴定所
二〇一八年七月三日

案例5附图

图5-1　鉴定当事人葡萄园葡萄树的树龄

图5-2　截取葡萄树主蔓样本，鉴定葡
　　　萄树的树龄

图5-3　采取斜切面法，鉴定葡萄树的树龄

案例6

某果树司法鉴定所关于栽培枣树的树龄鉴定

某果司鉴所〔2015〕果鉴字第×号

一、基本情况

委托单位：辽宁省锦州市某区某水库移民动迁管理办公室

委托鉴定事项：对当事人在某水库淹没线以下的枣树树龄进行鉴定

受理日期：2015年7月22日

鉴定材料：司法鉴定委托书、司法鉴定协议书，当事人的枣树等

鉴定日期：2015年7月23日

鉴定地点：某村当事人栽植枣树地块

在场人员：鉴定委托方代表人，村代表人、工作人员，当事人等

二、检案摘要

因水库建设，对位于淹没线以下的枣树给予补偿，委托果树鉴定机构进行枣树树龄鉴定，作为枣树补偿依据。

三、检验过程

果树司法鉴定人，出委托鉴定枣树现场，对枣树委托鉴定事项，在现场认真展开鉴定调查，随机选树，用锯截干，截段取样，检验、检测、鉴别、观察、拍照、记录、室内检验等工作。

（一）1号当事人的枣树

780株枣树，占地面积4.7亩，正常种植，有缺株现象，树龄不等，株行距1.5米×2.0米不等，亩栽222株。枣树正常生产亩栽培株数应在111株以下，4.7亩为522株，258株为加密栽培株数。调查树高2.2～3.0米，冠径1.5米×2.0米，干周9～11厘米。

（二）2号当事人的枣树

200株枣树，占地面积1.2亩，正常种植，株行距2米×2米，亩栽167株。枣树正常生产亩栽培株数应在111株以下，1.2亩为133株，其余为加密栽培株数。调查树高3～4米，冠径2米×2米。

229株枣树，占地面积1.37亩，正常种植，株行距2米×2米，亩栽167株。枣树正常生产亩栽植株数应在111株以下，1.37亩为152株，其余为加密栽培株数。调查树高3～4米，

冠径2米×2米。

20株枣树，为零星栽植。

四、分析说明

鉴定结果表明，以上栽培枣树为原栽果树，枣树栽植密度较大，枣树按正常生产亩栽株数认定，多余株数按加密株数认定。鉴定枣树普遍粗放管理，近期弃管，病虫害发生，产量少、质量低。

五、鉴定意见

鉴定枣树树龄：

（一）1号当事人的枣树

780株枣树中：23株为11～12年生；757株为7～9年生。

（二）2号当事人的枣树

200株枣树中：50株为15～16年生；77株为13～14年生；56株为11～12年生；17株为8～10年生。

229株枣树中：28株为15～16年生；43株为13～14年生；105株为11～12年生；53株为8～10年生。

20株枣树全为13～14年生。

附件：1.现场鉴定枣树树龄照片
      2.司法鉴定人执业证（略）
      3.司法鉴定许可证（略）

司法鉴定人：（略）
司法鉴定人：（略）
司法鉴定人：（略）

司法鉴定机构：

某果树司法鉴定所
二〇一五年七月二十五日

案例6附图

图6-1　鉴定1号当事人及其枣树

图6-2　截干法鉴定1号当事人枣树树龄

图6-4　鉴定2号当事人枣树树龄

图6-3　鉴定2号当事人枣树

案例7

某果树司法鉴定所关于栽培杏树的树龄鉴定

某果司鉴所〔2016〕果鉴字第×号

一、基本情况

委托单位：辽宁省某市中级人民法院

委托鉴定事项：对原告与被告双方争执大台子荒坡是否有1986—1988年期间种植的杏树进行鉴定

受理日期：2016年8月8日

鉴定材料：司法鉴定委托书，提供法院诉状，杏树株数相关材料，现场地块上的杏树等

鉴定日期：2016年8月18日

鉴定地点：某县某镇某村，原告承包大台子杏树地块

在场人员：委托鉴定方办案法官代表人，被告人（村委会），原告人等

二、检案摘要

原告与被告签订杏树承包合同到期，对地上现有杏树权属和经济收益分配问题，双方产生纠纷一案。

三、检验过程

果树司法鉴定人，出委托鉴定杏树现场，对委托鉴定事项，现场认真展开鉴定调查、检验、检测、鉴别、记录、拍照，室内镜检等项工作。

树龄鉴定采取随机选树，用锯截干、截段、取样的鉴定方法进行。鉴定树龄经过与原告、被告双方协商，共选择4株杏树作为树龄鉴定树，为1号、2号、3号、4号。同时调查鉴定树的树高、冠径大小、结果能力、生长发育和管理现状等情况。

1号杏树树龄为30年生，树高4.5米，冠径3.9米×4.5米，单株平均结果能力（干核）1.3千克。

2号杏树树龄为36年生，树高4.8米，冠径4.8米×4.0米，单株平均结果能力（干核）1.4千克。

3号杏树树龄为34年生，树高4.6米，冠径4.2米×4.6米，单株平均结果能力（干核）1.5千克。

4号杏树树龄为29年生，树高3.9米，冠径3.8米×4.4米，单株平均结果能力（干核）1.1千克。

四、分析说明

近年来因承包到期等原因，鉴定的杏树园处于粗放经营，处于弃管自然生长状态，杂草丛生，有病虫害发生。全园地势高低不平，株行距不等，树高，冠径大小差别较大。杏树的结果能力、产量、效益均较低，属于低产杏树园区。

五、鉴定意见

鉴定杏树树龄结果：

1. 1号杏树30年生，4号杏树29年生，均是在1986—1988年期间种植的杏树，是承包期间种植的杏树。

2. 2号杏树，3号杏树，树龄不在此范围，不是承包期间种植的杏树。

附件：1.鉴定杏树树龄照片

2.司法鉴定人执业证（略）

3.司法鉴定许可证（略）

司法鉴定人：（略）

司法鉴定人：（略）

司法鉴定人：（略）

司法鉴定机构：

某果树司法鉴定所

二〇一六年八月二十日

案例7附图

图7-1 鉴定杏树园杏树树龄

图7-2 截干法，鉴定杏树树龄

图7-3 鉴定1号杏树树龄

案例8

某果树司法鉴定所关于栽培梨树的树龄鉴定

某果司鉴所〔2009〕果鉴字第×号

一、基本情况

委托单位：本溪市怀仁县某乡，二位当事人

委托鉴定事项：对梨树树龄进行技术鉴定

受理日期：2009年12月30日

鉴定材料：司法鉴定委托书，当事人提供梨树截取主干树段样本

鉴定日期：2009年12月31日

鉴定地点：某果树司法鉴定所

在场人员：委托鉴定当事人、代表人等

二、检案摘要

当事人为鉴定梨树树龄，在全园选择代表性的梨树，在主干处截取2个组合树段样本，委托鉴定机构进行鉴定，作为征占梨树树龄的补偿依据。

三、检验过程

果树司法鉴定人，对提供鉴定梨树主干树段，采取清洗、斜截、净面、镜下检验、检测等方法鉴定。

四、分析说明

鉴定提供的梨树主干树段，均为活梨树树段，调查树段粗度为0.26 ~ 3.00厘米，均在梨树栽培生长发育正常粗度范围。

五、鉴定意见

1.鉴定当事人提供的1号梨树主干树段树龄为9 ~ 10年生。

2.鉴定当事人提供的2号梨树主干树段树龄为9年生。

附件：1.鉴定梨树树龄照片

　　　2.司法鉴定人执业证（略）

　　　3.司法鉴定许可证（略）

司法鉴定人：（略）

司法鉴定人：（略）

司法鉴定人：（略）

司法鉴定机构：

某果树司法鉴定所

二〇〇九年一月五日

案例8附图

图8-1　鉴定1号当事人梨树树龄

图8-2　鉴定2号当事人梨树树龄

第三章
果树春季栽植成活率鉴定案例

案例9

某果树司法鉴定所关于购买外地寒富苹果苗春栽成活率低原因的鉴定

某果司鉴所〔2014〕果鉴字第×号

一、基本情况

委托单位：辽宁省某县某镇人民政府

委托鉴定事项：对某县某镇4个村，春季栽植寒富苹果树成活率低的原因进行鉴定

受理日期：2014年5月28日

鉴定材料：司法鉴定委托书，司法鉴定协议书，提供鉴定相关材料，现场春季栽植寒富苹果树等

鉴定日期：2014年5月29日

鉴定地点：某镇4个村，春栽寒富苹果树地块

在场人员：委托方代表人，村代表人，县果树站代表人，当事人等

二、检案摘要

全镇为发展果树生产与出售苗木的当事人签订寒富苹果苗订购协议，苹果苗在春季栽植后各村均发生成活率低的问题，想通过司法鉴定查找出苗木栽后成活率低的原因，明确责任。

三、检验过程

果树司法鉴定人，出委托鉴定该镇4个村春季栽植寒富苹果苗不同地块现场，鉴定调查采取随机选树拔树检验，观察根系、根颈（接口部位）、树干、芽眼的方法。同时鉴定调查栽植寒富苹果树操作全过程，如栽植树坑的大小、栽树的深浅、苗木贮存、栽前处理、苗木分发及运输、栽树方法、栽后浇水、覆膜、套袋、栽后管理。调查了解栽树地块的土壤、地势、栽后土壤干旱等相关情况。

四、分析说明

鉴定现场看到，在同一地块上，2户相临，采取同样栽植方法，只因苗木来源不同，成活率表现高低不同，成活率高的在90%以上，成活率低的仅在30%左右。鉴定地上部已表现死亡树，经过拔苗（树）剥皮检验，在根颈部位皮层存在变黑坏死症状，全周坏死，长度10厘米左右，坏死部位以下根系萌发生长，根长2～6厘米。坏死部位以上枝干表现干枯死亡。鉴定地上部未表现萌芽的树，经过拔苗（树）检验根系、根颈、接口、枝芽，整株

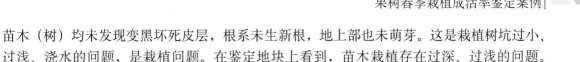

苗木（树）均未发现变黑坏死皮层，根系未生新根，地上部也未萌芽。这是栽植树坑过小、过浅、浇水的问题，是栽植问题。在鉴定地块上看到，苗木栽植存在过深、过浅的问题。存在植树浇水问题等。凡是果树发生下活上死症状表现，往往问题出在嫁接口、根颈冻害、病害这几点上。

五、鉴定意见

鉴定该镇4个村，春季栽植寒富苹果树成活率低的原因：

1.苗木越冬冻害原因。购买寒富苹果苗木是占地越冬苗，在越冬时期苗木根颈部位遭受冻害。鉴定的苗木中，凡是在根颈部位出现皮层变黑坏死症状的树苗，是越冬冻害原因所致。

2.苗木缺水原因。苗木在起苗、存放、运输、栽植、栽后存在缺水问题。鉴定检验栽植后的寒富苹果苗木（树），在苗木根颈部位未检验出皮层变黑坏死症状，又没发现整株苗木有其他问题，均属于正常苗木（树）。这类苗木（树）栽后未表现出正常的生根、萌芽，这样的栽后表现，表明苗木本身存在缺水、失水问题。

附件：1.现场鉴定寒富苹果树成活情况照片
　　　2.司法鉴定人执业证(略)
　　　3.司法鉴定许可证(略)

司法鉴定人：(略)
司法鉴定人：(略)
司法鉴定人：(略)

司法鉴定机构：

某果树司法鉴定所
二〇一四年六月二日

案例9附图

图9-1　鉴定春栽寒富苹果树成活率　　　图9-2　鉴定春栽上死下活的寒富苹果树

图9-3　鉴定越冬根颈冻害的寒富苹果树

案例10

某果树司法鉴定所关于购买当地寒富苹果苗春栽成活率低原因的鉴定

某果司鉴所〔2017〕果鉴字第×号

一、基本情况

委托单位：辽宁省某市绿化工程有限公司

委托鉴定事项：早春，申请人在当地购买2万株寒富苹果苗，经过栽植后发现成活率低，提出对成活率低原因进行鉴定

受理日期：2017年5月10日

鉴定材料：司法鉴定委托书，鉴定现场春季栽植2万株寒富苹果树基地

鉴定日期：2017年5月11日

鉴定地点：某市某乡某村，申请人苗木培育基地

在场人员：申请人、代表人等

二、检验摘要

2017年4月，申请人购买当地寒富苹果苗2万株，4月4日开始栽植于自己的苗木培育基地，栽后采用滴灌给水。栽后一个多月发现苗木成活有问题，委托鉴定查找影响苗木成活问题的原因。

三、检验过程

果树司法鉴定人，出委托鉴定春栽寒富苹果苗木基地现场，认真对春栽寒富苹果苗成活率低原因展开调查、检验、鉴别、记录、拍照等工作。调查了解与鉴定相关的情况。

鉴定调查采取随机选择定株的方法，首先拔出植株，利用果树剪子、刮皮刀，对整株苗木进行刮皮检验，剪截苗木根系，鉴定苗木皮层、木质部、根系是否存在变色、变褐、干枯、坏死等症状。

四、分析说明

据鉴定调查了解，购买的寒富苹果苗是过冬站地苗，购买时是现起苗木，于2017年4月4日前购回栽植，苗高1.4～1.5米。栽植地块北高南低，坡度小，壤土，挖坑密植栽培，株行距0.5米×0.5米，栽后采取滴灌方式灌水。栽植后定干高度0.6米左右，苗茎粗等级有所差别。鉴定日期为苗木栽植后35天左右。

鉴定栽植寒富苹果苗木，地上部分，苗干绝，大多数表现干枯死亡，地下部分，根系

大多数萌发新根成活，苗木根颈部位冻害长度5～20厘米，皮层和木质部表现明显变褐、干枯死亡症状。

五、鉴定意见

鉴定申请人春季栽植寒富苹果苗木成活率低的原因：

1.苗木是越冬站地苗，越冬根颈部位发生冻害。冻害部位皮层和木质部均表现变褐、干枯死亡症状。这类苗木栽植后均在冻害根颈部位以下表现成活。

2.苗木栽植较浅，灌水不足。苗木栽植较浅，有的苗木接口高位外露，有的苗木根系外露，栽后采用滴灌给水，回填土沉不实，苗木根系与土壤不能充分接触。

实践证明，凡是鲜活合格苗木，实行科学栽植，栽植后一个月左右苗木均应表现出正常的生根、萌芽、抽枝、展叶状态。

附件：1.现场鉴定春栽苹果树成活情况照片
2.司法鉴定人执业证（略）
3.司法鉴定许可证（略）

司法鉴定人：（略）
司法鉴定人：（略）
司法鉴定人：（略）

司法鉴定机构：

某果树司法鉴定所
二〇一七年五月十三日

案例10附图

图10-1　鉴定春栽寒富苹果树成活率

图10-2　鉴定春栽寒富苹果树成活率低原因

图10-3　鉴定春栽苹果树越冬根颈冻害症状

案例11

某果树司法鉴定所关于园区建设征地承包人春栽果树成活率的鉴定

某果司鉴所〔2017〕果鉴字第×号

一、基本情况

委托单位：辽宁省瓦房店市某镇人民政府

委托鉴定事项：对某市某工业园区1.89平方千米地块春栽534 350株果树成活率鉴定

受理日期：2017年7月18日

鉴定材料：司法鉴定委托书，司法鉴定协议书，提供工业园区征占果树普查情况汇总表，征占园区地块上春栽的果树等

鉴定日期：2017年7月19日

鉴定地点：瓦房店市某工业园区

在场人员：鉴定委托方代表人，村代表人等

二、检案摘要

因某工业园区建设项目征地，在征占土地规划范围内，为对每户春栽果树经济损失给予补偿一事提供依据。

三、检验过程

果树司法鉴定人，出委托鉴定某工业园区征占果树地块现场，对春栽大樱桃树、葡萄树、梨树、桃树、枣树的成活情况，区分不同树种，采取随机选片、定行、定树的调查方法，检验、鉴别每株树的成活情况，认真记录、拍照。同时了解果树的栽植情况，栽后灌水及管理情况，降雨与干旱情况及园区项目征地的前期工作情况等。

（一）鉴定调查果树成活率情况

1.鉴定大樱桃树成活率。大樱桃树鉴定调查10片（块），1 075株，其中成活树343株，死树732株，成活率占31.9%。鉴定大樱桃树高2.5～3.0米，5～6年生。

2.鉴定葡萄树成活率。葡萄树鉴定调查11片（块），1 233株，其中成活树125株，死树1 108株，成活率占10.14%。鉴定葡萄树蔓长1.2～1.5米，4～6年生。

3.鉴定梨树成活率。梨树鉴定调查5片（块），282株，其中成活树6株，死树276株，成活率占2.13%。鉴定梨树高1.5～2.0米，4～5年生。

4.鉴定桃树成活率。桃树鉴定调查3片（块），74株，其中成活树6株，死树68株，成活率占8.11%。鉴定桃树高1.2～2.0米，5～7年生。

5.鉴定枣树成活率。枣树鉴定调查未见死树。

（二）鉴定调查栽后果树管理情况

据鉴定调查和走访群众了解，2017年4月7日，某镇政府发布征地公告后，镇政府对征地区域组成专人队伍严加管理，不许每户入园内对果树管理和作业，因此每户春栽果树栽后均处于弃管撂荒状态。栽树后又遇春、夏高温干旱天气时段。

四、分析说明

果树在春天正常栽植后，都要适时对果树进行灌水、施用微生物肥、松土、除草、修剪、喷施叶面肥、病虫害防治、防风等项管理工作，使根层土壤含水量保持在60%~80%范围，利于根系成活和生长，保证果树成活。栽后不管理的果树成活均无保证。

据2017年5月13日，对工业园区征占地上春栽果树开展的普查情况：大樱桃树死亡509株，占大樱桃树总株数0.32%，葡萄树死亡7 549株，占葡萄树总株数2.35%，桃树死亡357株，占1.85%，梨树和枣树无死亡树。说明此时普查的春栽果树死亡率较低。

据本地气象资料显示，2017年4月，降水18.8毫米，比历史同期31.6毫米偏少近半；5月降水91.3毫米，比历史同期48.2毫米偏多；6月份降水10.6毫米，比历史同期87.2毫米，严重偏少76.6毫米，6月气温同比偏高2℃。春、夏季干旱，高温天气，不仅严重影响果树的成活率，而且加快了果树的死亡进程。

五、鉴定意见

1.鉴定大樱桃树成活率。春栽大樱桃树总株数159 653株，按鉴定大樱桃树成活率31.9%计算，大樱桃成活树为159653×31.9% =50929.3株，死树为108 723.7株。

2.鉴定葡萄树成活率。春栽葡萄树总株数321 881株，按鉴定葡萄树成活率10.13%计算，葡萄成活树为321881×10.13% =32606.55株，死树为289 274.45株。

3.鉴定梨树成活率。春栽梨树总株数29 250株，按鉴定梨树成活率2.13%计算，梨成活树为29250×2.13% =623株，死树为28 627株。

4.鉴定桃树成活率。春栽桃树总株数19 302株，按鉴定桃树成活率4.05%计算，桃成活树为19302×4.05% =781.73株，死树为18 520.27株。

5.鉴定枣树未见死树。

春栽果树总株数534 350株，按鉴定调查大樱桃树、葡萄树、梨树、桃树、枣树5个树种的成活率合计计算，成活果树为84 940.57株，死亡果树为449 409.43株，总成活率为15.90%。

鉴定春栽果树成活率低的原因，是果树栽后不进行管理造成的。如果果树栽后适时管理，预计果树成活率在90%以上。

附件：1.现场鉴定春栽果树成活情况照片
      2.司法鉴定人执业证（略）
      3.司法鉴定许可证（略）

司法鉴定人：（略）

司法鉴定人：（略）

司法鉴定人：（略）

司法鉴定人：（略）

司法鉴定人：（略）

司法鉴定人：（略）

司法鉴定机构：

某果树司法鉴定所

二〇一七年七月二十二日

案例11附图

图11-1　鉴定春栽大樱桃树成活率

图11-2　鉴定春栽葡萄树成活率

第四章
果树得病原因及受害损失鉴定

案例12

某果树司法鉴定所关于4户梨树得病原因及受害损失的鉴定

某果司鉴所〔2009〕果鉴字第×号

一、基本情况

委托单位：锦州市某新区果树农场当事人

委托鉴定事项：鉴定梨树得病原因及经济损失

受理日期：2009年7月3日

鉴定材料：司法鉴定委托书，提供梨树得病照片，现场得病的梨树等

鉴定日期：2009年7月4日

鉴定地点：某新区果树农场当事人梨树得病地块

在场人员：当事人、代表人等

二、检案摘要

当事人正常栽培生产的梨树，生长季节在叶片上和果实上发生病害，委托鉴定查找发病原因，索赔造成梨树得病受害的经济损失。

三、检验过程

果树司法鉴定人，出委托鉴定得病梨树现场，在现场对得病梨树采取随机选树进行检验、鉴别、观察、记录、拍照等方法。同时调查了解与鉴定有关的情况。

检验过程采取对"桧柏寄主树"距离法调查。分别在距离得病梨树30～50米、80～100米、150～200米处选择得病梨树中有代表性的品种，调查整株梨树得病叶片和幼果的症状、受害程度、评估株产、减产程度及对树体树势的生长影响。调查得病梨树发现，树体完整，枝量齐全，生长、结果正长。

四、检验结果

（一）病害类型

鉴定梨树普遍发生的是梨锈病，又名赤星病。此病主要发生在梨树叶片上和幼果上。危害典型症状：叶片正面表现黄色斑点或斑块，叶背隆起，病部长出黄色毛状物；受害幼果多在萼洼处，病部长出黄色毛状物。

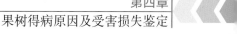

（二）梨树得病的受害程度

鉴定4户当事人梨树全部得病。

1.1号当事人：梨树与桧柏树相邻，得病88株，全园梨树普遍发病，程度严重，梨树品种有锦丰梨、南果梨、华酥梨，8～10年生，株行距3米×4米。调查老叶片受害率100%，叶片上病斑1～10块，个别严重叶片病斑33块。幼果受害率87.5%。单株平均结果能力20千克，发病树有产无值，失去经济价值。受害严重树，已出现枯叶、落叶、烂果、落果现象。

2.2号当事人：梨树与桧柏树距离30～50米，调查10株梨树，叶片普遍发病，梨树品种有锦丰梨、红香酥，5～6年生，株行距不等。调查梨树老叶片受害率100%，幼果受害率34.8%。单株平均结果能力5千克，果实基本失去经济价值。

3.3号当事人：梨树与桧柏树距离100～150米，得病96株，梨树品种有锦丰梨、南果梨、雪梨，11～22年生，株行距3.5米×4.0米，调查南果梨树老叶片受害率100%，锦丰梨老叶片受害率15%，幼果受害率11.1%。单株平均结果能力28千克，影响产量50%。

4.4号当事人：梨树与桧柏树距离180～200米，得病75株，梨树品种有锦丰梨、苹果梨、雪梨、黄金梨，15年生，株行距3米×4米，多数为高接树，调查梨树老叶片受害率11.8%，黄金梨老叶片受害率60%。单株平均结果能力15千克，影响产量30%。

五、分析说明

鉴定调查得知，梨树叶片和果实发病程度与桧柏寄主树的距离相关，距离桧柏树越近梨树发病越重，反之则轻。病菌以多年生菌丝体在桧柏类（桧柏、龙柏、翠柏、柱柏、高塔柏等）树体病组织中越冬，3月开始萌发，产生担孢子，担孢子借风雨传播，飞落在梨树嫩叶、幼果、新梢上，在适宜条件下，担孢子发芽侵入引起发病。担孢子传播距离为2.5～5.0千米。所以，在有桧柏树栽植地区梨树易得此病。

梨树得病的叶片、幼果极易枯死、脱落。全树叶片得病数量多，严重影响树体的生长发育；幼果得病多，严重影响产量，造成绝产绝收；如果全树绝大部分叶片坏死、早落，会导致全树衰弱而死亡。

六、鉴定意见

（一）鉴定梨树的得病原因

根据鉴定梨树叶片上和幼果上表现的典型症状，鉴定为梨锈病。解决梨树发生梨锈病的有效措施，是清除梨果产区5千米以内的桧柏树；如不能清除，应在适宜时期对桧柏树进行全面喷药，有效杀灭病菌。

（二）鉴定得病梨树的经济损失价值

以受害株数×单株平均损失产量×果品单价×赔偿年限的方法计算。

1.1号当事人共有88株得病梨树，单株平均损失产量20千克，每千克2.5元，赔偿2年，即 88×20×2.5×2=8800 元。

2.2 号当事人共有 110 株得病梨树，单株平均损失产量 5 千克，每千克 2.5 元，赔偿 2 年，即 110×5×2.5×2=2750 元。

3.3 号当事人共有 96 株得病梨树，单株平均损失产量 14 千克，每千克 2.5 元，赔偿 2 年，即 96×14×2.5×2=6720 元。

4.4 号当事人共有 75 株得病梨树，单株平均损失产量 5 千克，每千克 2.5 元，赔偿 2 年，即 75×5×2.5×2=1875 元。

合计：20 145 元。

以上 369 株得病梨树，鉴定经济损失价值金额合计为：人民币贰万零壹佰肆拾伍圆整。

附件：1.现场鉴定得病梨树照片

2.价格评估资格证书（略）

3.司法鉴定人执业证（略）

4.司法鉴定许可证（略）

司法鉴定人：（略）

司法鉴定人：（略）

司法鉴定人：（略）

司法鉴定机构：

某果树司法鉴定所

二〇〇九年七月六日

案例12附图

图12-1　鉴定当事人梨树得病叶片病斑症状

图12-2　鉴定当事人梨树得病叶背长出黄色毛状物症状

图12-3　鉴定当事人梨树得病幼果顶部长出毛状物症状

案例13

某果树司法鉴定所关于112户南果梨树得病原因及受害损失的鉴定

某果司鉴所〔2009〕果鉴字第×号

一、基本情况

委托单位：辽宁省辽阳市某区人民法院技术室

委托鉴定事项：1.是否因栽植桧柏类树木导致原告方的梨树发生梨锈病

　　　　　　　2.如果上述原因属实，评估原告的损失数额

受理日期：2009年8月27日

鉴定材料：司法鉴定委托书，提供鉴定相关材料，现场得病梨树等

鉴定日期：2009年9月1日

鉴定地点：辽阳市某区某村，112户得病梨树地块

在场人员：鉴定委托方办案法官代表人，镇和村代表人，当事人等

二、检案摘要

原告诉被告，在梨果产区栽植桧柏树，引起梨树大量发生梨锈病，造成梨树的叶片、幼果得病危害，产生经济损失赔偿纠纷一案。

三、检验过程

果树司法鉴定人，出委托鉴定得病梨树现场，对得病梨树采取划片随机选树检验、鉴别、观察、记录、拍照等鉴定方法。同时调查了解与鉴定有关的情况。

调查主要事项：采取随机订户、选树的方法进行，调查得病梨树的叶片和果实的受害症状、受害程度、评估株产、减产程度、对树体树势的影响。调查得病梨树发现，树体完整，枝量齐全，树势稳定，管理到位，生长、结果正常。

四、检验结果

（一）鉴定结果

梨树发生的是梨锈病。此病主要发生在梨树叶片上和幼果上。表现症状：叶片上发病始期出现橙红色小点，逐渐变大转成黄色斑点或斑块，叶隆起，病部长出黄色毛状物；幼果多在萼洼处，病部长出毛状物。

（二）梨树得梨锈病的原因

梨树发病是由附近栽植桧柏树引起的。鉴定结果：有7户梨树与桧柏树相邻，发病严重，梨果发病率在10%左右。有105户梨树距离桧柏树较远，发病较轻，梨果发病率在1%左右。

五、分析说明

鉴定得知，梨树叶片和幼果得病程度与桧柏树之间的距离有关，栽植桧柏距离梨树越近的得病越重，反之则轻。山区梨园梨树得病程度又与坡向和方位有关。

梨锈病病菌以多年生菌丝体在桧柏类树体病组织中越冬，一般在3月开始萌发产生担孢子，担孢子借风、雨传播，飞落在梨树嫩叶、幼果、新梢上，在适宜条件下，担孢子发芽侵入引起发病，担孢子传播距离2.5 ～ 5.0千米。有桧柏树栽植地方，梨树易发此病。

六、鉴定意见

（一）梨树得病的原因

被告栽植的桧柏树是造成112户原告梨树普遍发生梨锈病的原因。

（二）梨树得病当年的经济损失价值

以受害株数 × 单株平均损失产量 × 果品单价的方法计算。

在112户得病梨树41 913株中，其中有7户得病梨树2 070株，单株平均损失产量5千克，有105户得病梨树39 843株，单株平均损失产量0.5千克，每千克2.6元。即 2070×5×2.6=26910元。即39843×0.5×2.6=51795.9元。合计：78 705.9元。

以上41 913株得病梨树，鉴定经济损失价值金额合计为：人民币柒万捌仟柒佰零伍圆玖角。

附件：1.现场鉴定得病梨树照片
　　　 2.价格评估资格证书（略）
　　　 3.司法鉴定人执业证（略）
　　　 4.司法鉴定许可证（略）

司法鉴定人：（略）
司法鉴定人：（略）
司法鉴定人：（略）
司法鉴定人：（略）
司法鉴定人：（略）

司法鉴定机构：

　　　　　　　　　　　　　　　　　　　某果树司法鉴定所
　　　　　　　　　　　　　　　　　　　二〇〇九年九月三日

案例13附图

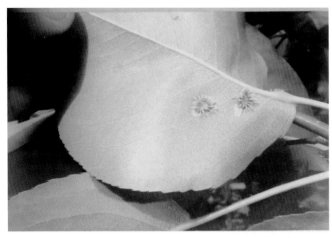

图13-1 鉴定当事人梨树叶片得病，叶背黄色病斑症状

图13-2 鉴定当事人梨树叶片得病，叶面黄色病斑症状

图13-3 鉴定当事人梨树叶面、幼果得病，黄色病斑症状

案例14

某果树司法鉴定所关于板栗树等因高速封路不能管理造成损失的鉴定

某果司鉴所〔2010〕果鉴字第×号

一、基本情况

委托单位：辽宁省丹东市某区人民法院

委托鉴定事项：对原告1 300株板栗树（其中600株30～60年生，700株30年生以下）；100株山楂树（30年生以上）。以2008年为基准年，鉴定当年产量损失及数额；鉴定2008年遭受病虫危害能否影响今后树木的产量及损失

受理日期：2010年11月12日

鉴定材料：司法鉴定委托书，诉讼状、病虫危害照片，村委会证明材料。现场遭受病虫危害的板栗树、山楂树等

鉴定日期：2010年11月26日

鉴定地点：原告经营的板栗树、山楂树园区

在场人员：鉴定委托方办案法官代表人，原告人等

二、检案摘要

原告经营多年的板栗树、山楂树，因被告维修高速公路长期封道，原告不能进园进行作业管理，期间病虫害严重发生，造成板栗树、山楂树生长和产量损失，产生经济损失纠纷一案。

三、检验过程

果树司法鉴定人，出委托鉴定板栗树、山楂树地块现场，对委托鉴定事项认真开展鉴定调查工作。调查采取随机选树进行检验、鉴别、观察、记录、拍照的方法。同时调查了解与鉴定有关的情况。

（一）鉴定板栗树、山楂树病虫害发生情况

全园板栗树、山楂树普遍遭受病虫危害。板栗树发生的病虫害主要有栗瘿蜂、栗实蛾、栗实象甲、栗炭疽病等，其中栗瘿蜂、栗实蛾危害十分猖獗；山楂树发生的病虫害主要有山楂花腐病、白粉病、食心虫、毛虫等。

（二）鉴定板栗树、山楂树现状

调查 30 ～ 60 年生板栗树，树高 9.3 米，冠径 10 米 × 9 米，干周 1.4 米，单株平均结果能力 15 千克。调查 30 年生以下板栗树，树高 5.2 米，冠径 5 米 × 6 米，干周 0.49 米，单株平均结果能力 8 千克。调查 30 年生以上山楂树，树高 4.5 米，冠径 4 米 × 5 米，干周 0.76 米，单株平均结果能力 40 千克。

四、分析说明

栽培生产的板栗树、山楂树，全年都要适时地对地下、地上进行管理和病虫害防治。如果管理不当，发生的病虫害不能及时防治，长时期（1 ～ 2 个月）病虫害失防失控，全园将达到病虫害泛滥成灾的程度，造成大量减产、降质，甚至绝产绝收；果树病虫害严重发生，果树生长发育受到严重影响，叶片受到破坏，光合产物损失，树势削弱，树体衰弱，不仅影响当年的生长和产量，而且也影响来年的产量和树势。

封路不能进园管理，病虫害危害果树造成损失是"无烟"的损失。病虫害防治失控，果园内病虫害基数存量过大，再加上板栗树高大，给今后病虫害防治带来难度。要想恢复原有树势和产量，今后必须加大地下、地上的投入力度，全面加强果园的综合管理，认真及时搞好病虫害的综合防治工作，把病虫害造成果树的经济损失减少到最低程度。

五、鉴定意见

鉴定果树遭受病虫危害的经济损失价值：以受害株数 × 单株平均损失产量 × 果品单价的方法计算。

（一）2008 年损失情况

600 株板栗树，单株平均损失产量 15 千克，每千克 4 元，即 600 × 15 × 4=36000 元；700 株板栗树，单株平均损失产量 8 千克，每千克 4 元，即 700 × 8 × 4=22400 元；100 株山楂树，单株平均损失产量 30 千克，每千克 1.2 元，即 100 × 30 × 1.2=3600 元。合计：62 000 元。

（二）2009 年损失情况

600 株板栗树，单株平均损失产量 10 千克，每千克 4 元，即 600 × 10 × 4=24000 元；700 株板栗树，单株平均损失产量 5 千克，每千克 4 元，即 700 × 5 × 4=14000 元；100 株山楂树，单株平均损失产量 20 千克，每千克 1.2 元，即 100 × 20 × 1.2=2400 元。合计：40 400 元。

总计：102 400 元。

以上 1 400 株遭受病虫危害板栗树、山楂树，鉴定经济损失价值金额合计为：人民币壹拾万零贰仟肆佰圆整。

附件：1. 现场鉴定遭受病虫危害板栗树照片
   2. 价格评估资格证书（略）
   3. 司法鉴定人执业证（略）

4.司法鉴定许可证（略）

司法鉴定人：（略）
司法鉴定人：（略）
司法鉴定人：（略）

司法鉴定机构：

某果树司法鉴定所

二〇一〇年十一月二十七日

案例14附图

图14-1　原告板栗园因修高速路封闭道路不能入园管理，发生病虫害

图14-2　鉴定原告板栗树遭受病虫危害的果实

第五章

果树死亡原因及损失鉴定案例

案例15

某果树司法鉴定所关于6户春栽矮化砧苹果树死亡原因的鉴定

某果司鉴所〔2015〕果鉴字第×号

一、基本情况

委托单位：辽宁省某市建投工程咨询有限公司

委托鉴定事项：对6户2015年春季栽植M9矮化砧苹果苗（树）死亡原因进行鉴定

受理日期：2015年11月10日

鉴定材料：司法鉴定委托书，司法鉴定协议书，栽植户提供相关材料，气象资料，现场地块栽植M9矮化砧苹果苗等

鉴定日期：2015年11月11日

鉴定地点：某乡6户2015年春栽M9矮化砧苹果苗（树）地块

在场人员：委托鉴定方代表人，栽植户当事人、代表人，有关方代表人等

二、检案摘要

某农业集团有限公司，2015年为6户种植户提供2年生M9矮化根砧苹果优质苗木，并指导春季栽植。栽植后苗木发生大量死亡现象，通过鉴定找出苗木死亡原因。

三、检验过程

果树司法鉴定人，出委托鉴定春栽M9矮化砧苹果苗（树）地块现场，针对委托鉴定事项，现场采取随机选树鉴定调查的方法，全面认真开展鉴定勘验、鉴别、观察、记录、拍照、取样等工作。调查了解与鉴定有关的情况。

（一）调查栽植M9矮化砧苹果苗（树）情况

M9矮化砧苹果苗（树）根系8条以上，苗高1.5米以上，嫁接口上10厘米处干粗1.8厘米，主干有5～6个侧分枝，苗木整齐，质量基本相似，不失水，质量好；地块为平地，沙壤土或壤土，个别地块有少量碎石，适宜种植；2015年春季6户共栽植2年生M9矮化砧苹果苗（树）398亩，79 500株，定植株行距0.9米×3.3米，栽植技术合理；栽植后遇到严重干旱天气，方塘水干涸，井水水位下降。随之采取了地膜覆盖、对侧分枝及中心干短截、封闭伤口等措施，减少土壤和苗木失水，维护苗木上下平衡。

（二）调查栽植M9矮化砧苹果苗木成活情况

2015年8月30日调查，栽植矮化根砧苹果苗（树）成活率为49.8%；2015年11月11日

调查，栽植矮化砧苹果苗（树）成活率为31.21%。即使成活，苗（树）也表现为生长势弱、生长量小。

（三）调查M9矮化砧苹果苗（树）死亡情况

调查栽植的矮化砧苹果苗（树）表现为整株死亡的状况。地下根系有变黑、变褐、腐烂的症状；地上枝干表现为干枯、皮层变色或坏死。

四、分析说明

M9矮化砧苹果苗（树）栽植，对土壤、土壤水分、栽植方法、气象条件、灌水、保水、保温、树体保水等条件要求比乔砧苹果苗（树）严格。M9矮化砧是肉质性根系，与乔砧比，矮化砧根系浅，抗旱性差，不能抵抗长期土壤干旱；对土壤水分要求较高，建园前要做好水源准备，做好灌水配套设施安排；栽植鲜活苗（树）要及时，充分灌足定植水，促进根系与土壤充分密接；栽植后要适时补水，使根层土壤含水充足，田间持水量保持在60%～80%，以满足苗（树）根系成活对水分的需要。

2015年该地区春、夏季发生历史上少遇的高温、少雨、干旱的异常天气情况，长时间持续高温、空气干燥、土壤干旱、地下水位下降，有的方塘、水井干涸，出现水源严重短缺，需到外地运水的局面。几十年不遇的高温、干旱天气情况的出现，加快了土壤失墒、苗木失水的进程。

五、鉴定意见

鉴定2015年，6户春季栽植M9矮化砧苹果苗（树）的死亡原因：是因为苗（树）在栽植后，土壤灌水量不足，苗（树）根系与土壤不能充分密接，苗（树）根系成活所需水不能充分及时满足所致。

另外，就M9矮化砧木根系特点看，具有肉质性、浅根性、抗性差的弱点，因此，在栽植、栽培条件上，要求更高，更加严格。

附件：1.现场鉴定春栽M9矮化砧苹果树死亡情况照片
　　　2.司法鉴定人执业证（略）
　　　3.司法鉴定许可证（略）

司法鉴定人：（略）
司法鉴定人：（略）
司法鉴定人：（略）
司法鉴定人：（略）

司法鉴定机构：

某果树司法鉴定所
二〇一五年十一月十三日

案例15附图

图15-1 鉴定春栽M9矮化砧苹果树的死亡原因

图15-2 鉴定调查M9矮化砧苹果树春季栽植情况

图15-3 鉴定春栽M9矮化砧苹果树根系表现腐烂死亡症状

案例16

某果树司法鉴定所关于枣树死亡原因及损失的鉴定

某果司鉴所〔2012〕果鉴字第×号

一、基本情况

委托单位：辽宁省某市中级人民法院

委托鉴定事项：对原告承包地内枣树是否存在因自来水浸泡而死亡的因果关系，对受损枣树的经济损失进行鉴定

受理日期：2012年3月30日

鉴定材料：司法鉴定委托书，现场地块上受水淹泡的枣树等

鉴定日期：2012年4月6日

鉴定地点：某区某村，原告受自来水供水主管道阀门处泄露淹泡枣树地块

在场人员：某区人民法庭办案法官代表人、原告人、被告人等

二、检案摘要

原告于2004年承包某区某村四组农用地栽植枣树。于2011年10月，原告发现枣园大片枣树黄叶、落叶、死亡，发现被告埋在枣树园地下供水主管道阀门处泄露，平洼地枣树被水淹泡死亡，产生经济损失纠纷一案。

三、检验过程

果树司法鉴定人，出委托鉴定枣树现场，针对枣树死亡原因，枣树受损害情况，在现场认真展开勘验、调查、鉴定工作。对受水淹泡枣树，调查采取随机选树，树下用揪挖土取枣树根系的方法，对枣树根系进行检验、检测，鉴别受害情况，表现症状；用剪刀检验枣树主干根颈部位皮层开裂死亡情况；用剪刀检验树体、枝条死活情况；用手锯和扩大镜检验死亡枣树树龄情况；调查枣树园地势、栽植、生长、结果、管理情况。调查了解与鉴定有关的情况等。

（一）枣树死亡原因

原告栽培枣树发生成片死亡和生长结果异常的原因，是因为枣树园内地下埋设自来水供水主管道阀门处泄漏，全园平洼地上枣树长期被泄漏水浸泡，受水浸泡严重的枣树根系全部死亡，受水浸泡不严重的枣树部分根系死亡或受伤害。

（二）死亡枣树表现

检验死亡枣树根系，表现出变黑、变褐、烂根、死亡症状；检验枣树主干根颈部位，表现出形成层开裂、脱皮、死亡症状；检验地上部树体，有枝条死亡症状。检验受水浸泡未死亡的枣树，部分根系表现死亡，有的变褐、变色异常。凡遭受水浸泡枣树的根系，都不同程度地受到伤害。

（三）枣树死亡株数

枣树死亡1 200株，枣树受害1 000株。

（四）枣树栽培生长情况

枣树栽植株行距（1.6～2.0）米×（1.5～2.0）米不等，7～8年生；调查干周22.0～23.6厘米，冠径1.5米×1.3米不等，新梢长0.4～0.5米，树高3.5～4.0米，主干树形，单株平均结果能力6千克。全园枣树处于粗放管理状态。

四、分析说明

被告埋设自来水供水主管道，从原告枣树园地通过，在通过枣树园主管道上设有阀门1处。原告从2011年9月发现从阀门处向外泄水，水流向枣园平洼处，造成平洼地上枣树被水浸泡，泄水在枣园淹没低洼处地面。鉴定调查时，枣园低洼处积水深度0.2～0.4厘米，有的枣树被泄漏水浸泡时间长达5个月。枣树长期受到水淹浸泡，枣树根系最先因缺氧呼吸而窒息死亡，也称烂根。枣树在积水高温情况下，短时易使水泡处树干脱皮而死亡。同时造成地上部大量落叶、落果现象，即使不落果，果实也不能食用。受过水浸泡未死亡的枣树，树体残缺不全，树体早衰，抗性减弱，易受冻害，易发生病虫害，生长结果异常，后续极易发生死枝、死树现象。

五、鉴定意见

鉴定受水淹枣树的经济损失价值：以株数×单株平均损失产量×果品单价×赔偿年限的方法计算。

（一）枣树的死亡原因

是因为被告埋施在原告枣树园中供水管道阀门处泄漏水浸泡所造成的。

（二）死亡枣树的经济损失

死亡枣树1 200株，单株平均损失产量6千克，每千克8元，赔偿5年，即1200×6×8×5=288000元。

（三）受害枣树的经济损失

受害枣树1 000株，单株平均损失产量3千克，每千克8元，赔偿3年，即1000×3×

8×3=72000元。

合计：360 000元。

以上2 200株受水淹泡枣树，鉴定经济损失价值金额合计为：人民币叁拾陆万圆整。

附件：1.现场鉴定受水淹泡枣树照片

2.价格评估资格证书（略）

3.司法鉴定人执业证（略）

4.司法鉴定许可证（略）

司法鉴定人：（略）

司法鉴定人：（略）

司法鉴定人：（略）

司法鉴定机构：

某果树司法鉴定所

二〇一二年四月九日

案例16附图

图16-1　2011年10月，受水淹枣树叶片全部脱落状况

图16-2　2012年4月6日，鉴定受水淹枣树枝干皮层死亡脱落症状

案例17

某果树司法鉴定所关于设施栽培葡萄树死亡原因及损失的鉴定

某果司鉴所〔2017〕果鉴字第×号

一、基本情况

委托单位：辽宁省某市中级人民法院

委托鉴定事项：1.对原告设施栽培葡萄树死亡原因进行鉴定

2.如系环剥死亡，对其损失价值进行鉴定

受理日期：2017年9月20日

鉴定材料：司法鉴定委托书，起诉状，现场设施栽培环剥葡萄树等

鉴定日期：2017年9月26日

鉴定地点：某市某区某镇某村，原告设施栽培葡萄树地块

在场人员：委托鉴定方办案法官代表人、原告人等

二、检案摘要

原告与被告经过协商商定，由被告对原告设施栽培葡萄树进行主干（蔓）环剥，主干环剥后，引起环剥葡萄树大量死亡，产生死亡葡萄树经济损失纠纷一案。

三、检验过程

果树司法鉴定人，对委托方提供的鉴定材料认真查看，并出现场对死亡葡萄树，采取随机选树，用剪枝剪子、圈尺、卡尺等认真开展检测、勘验、鉴别等项鉴定调查。同时了解与鉴定有关的情况。

（一）葡萄栽培与结果情况

原告葡萄采用设施栽培生产，建大棚长度120米，宽度16米，高度2.6米，南北行向。2014年春季栽植900株巨峰葡萄，4年生，处于盛果期，株行距0.5米×3.0米，单株双蔓两侧上架。单株平均果穗8个，每穗1千克左右，单株平均结果7.5千克。

（二）葡萄树主干环剥情况

鉴定调查主干环剥葡萄树160株，其中成活葡萄树55株，死亡葡萄树105株。环剥葡萄树茎粗0.8～1.9厘米，环剥口宽0.30～0.45厘米。成活葡萄树环剥口全部愈合，死亡葡萄树环剥口均未愈合。

四、分析说明

鉴定调查，在同一个大棚里，同等栽培管理条件下，凡是葡萄树生长势较强，环剥口窄，环剥口能够及时愈合的就成活。凡是葡萄树生长势较弱，环剥口宽，环剥口未能及时愈合的就死亡。环剥死亡葡萄树，地下、地上均表现死亡。

地下根系与地上干、枝、叶、果的相互关系，地下根系对矿质养分和水分的吸收，供应地上部生长和结果需要，地上叶片制造光合产物，供给地下部根系生长。地上地下是相互依赖，相互促进，相互制约的依存关系。对正常生长结果的葡萄树进行主干环剥，切断了树干韧皮部，破坏了树体上下运输、传导的正常供应平衡关系。

就葡萄树环剥对象来说，一是要严格掌握环剥对象，环剥对象是不结果，且树势强旺，或结果少的树。二是要严格掌握环剥口宽度，对葡萄树进行环剥的目的：短时期达到控制葡萄树旺长，促进生殖生长，控制营养生长，缓和树势，提高产量。环剥口宽度一般以在 15 ~ 20 天内能愈合为宜。对葡萄树的环剥，严禁在正常结果树上、生长势中庸树上、生长势偏弱树上进行，防止因环剥措施应用失当，造成葡萄树伤害或死亡损失。

五、鉴定意见

（一）葡萄树的死亡原因

鉴定葡萄树的死亡原因，是因为葡萄树环剥之后环剥口未能及时愈合造成的。

（二）死亡葡萄树的经济损失价值

以株数 × 单株平均损失产量 × 果品单价 × 赔偿年限的方法计算。死亡葡萄树591株，单株平均损失产量7.5千克，每千克8元，赔偿3年，即591×7.5×8×3=106380元。

以上591株环剥死亡葡萄树，鉴定经济损失价值金额合计为：人民币壹拾万零陆仟叁佰捌拾圆整。

附件：1.现场鉴定环剥死亡葡萄树照片
　　　 2.价格评估资格证书（略）
　　　 3.司法鉴定人执业证（略）
　　　 4.司法鉴定许可证（略）

司法鉴定人：（略）
司法鉴定人：（略）
司法鉴定人：（略）

司法鉴定机构：

某果树司法鉴定所
二〇一七年九月二十八日

案例17附图

图17-1　鉴定结果葡萄树，在主蔓上环剥后表现死亡症状

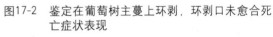

图17-2　鉴定在葡萄树主蔓上环剥，环剥口未愈合死亡症状表现

图17-3　鉴定在葡萄树主蔓上环剥，环剥口愈合成活症状表现

案例18
某果树司法鉴定所关于设施栽培油桃树、葡萄树死亡原因及损失的鉴定

某果司鉴所〔2011〕果鉴字第×号

一、基本情况

委托单位：辽宁省鞍山市某区人民法院

委托鉴定事项：1.鉴定果树死亡原因
              2.鉴定评估果树损失

受理日期：2011年11月9日

鉴定材料：委托鉴定书，起诉状，现场设施栽培的果树等

鉴定日期：2011年11月10日

鉴定地点：某区某镇某村，申请人栽培果树地块

在场人员：鉴定委托方办案法官代表人、申请人、被申请人等

二、检案摘要

申请人设施栽培果树坐落在河岸边，被申请人在河里挖沙作业妨碍河水顺畅流淌。由于天降大雨河水猛涨，申请人设施栽培果树被水淹，造成桃树死亡、葡萄树生长结果异常，产生经济损失纠纷一案。

三、检验过程

果树司法鉴定人，出委托鉴定果树现场，对申请人果树死亡原因和果树水淹伤害情况，采取树下挖土取根、验根、检测，树上剪截观察、调查的方法，对鉴定调查情况认真记录、拍照。同时调查了解与鉴定有关的情况。

（一）鉴定调查温室油桃树受水淹情况

申请人于2001年春，在温室栽植艳光、署光等油桃品种390株。树开心形，树体完整，枝量齐全，生长结果正常，单株平均结果能力6.5千克，栽植株行距（0.75～1.50）米×1.50米。温室坐落在河西岸下的平缓地块上，东西走向，地势东低西高，高差0.5米左右。大棚东头地势低洼，受水淹，油桃树全部死亡；大棚西头地势较高，受水淹，油桃树仅残活71株。鉴定调查死亡油桃树表现地下根系和地上枝干全部死亡；残活树根系部分死亡，枝干表现流胶病严重。

（二）鉴定调查设施葡萄树受水淹情况

2009年春，栽植1 000株巨峰葡萄树，树独龙形，单株平均结果能力2千克，株行距

(0.3～0.4) 米×2.0米，树高2.0～2.2米，干周粗3～5厘米，单、双蔓结合，一般蔓上生有1～5个分枝。水淹后葡萄树生长发育表现异常衰弱。

四、分析说明

申请人采取温室栽植油桃树、葡萄树，位于河边坡上一块地势较平缓地块上。在同一大棚里，地势较低处油桃树全部死亡；较高处勉强残活，但失去结果能力。桃树对水分敏感，根系生长期呼吸旺盛，最怕水淹，连续积水两昼夜，就会造成黄叶、落叶和死树现象发生。葡萄树水淹后营养生长和生殖生长受到严重影响，推迟正常成花、开花和结果。造成当年绝产，第二年减产的后果。因此，要加强管理，增加投入，恢复树势，减少水淹损害影响，努力争取提高产量和质量，增加收入和效益。

五、鉴定意见

鉴定遭受水淹果树的经济损失价值：以株数×单株平均损失产量×果品单价×赔偿年限的方法计算。

（一）水淹油桃树经济损失

390株油桃树，单株平均损失产量6.5千克，每千克8元，补偿3年，即390×6.5×8×3=60840元。

（二）水淹葡萄树经济损失

1 000株葡萄树，水淹当年单株平均损失产量2千克，每千克10元，即1000×2×10=20000元；水淹第二年单株平均损失产量1.5千克，每千克10元，即1000×1.5×10=15000元。合计：35 000元。

总计：95 840元。

以上1 390株遭受水淹油桃树、葡萄树，鉴定经济损失价值金额合计为：人民币玖万伍仟捌佰肆拾圆整。

附件：1.现场鉴定受水淹果树照片
　　　2.价格评估资格证书（略）
　　　3.司法鉴定人执业证（略）
　　　4.司法鉴定许可证（略）

司法鉴定人：（略）
司法鉴定人：（略）
司法鉴定人：（略）

司法鉴定机构：

某果树司法鉴定所
二〇一一年十一月十二日

案例18附图

图18-1　鉴定申请人设施栽培油桃树遭受水淹时状况

图18-2　鉴定申请人设施栽培油桃树遭受水淹死亡、损失状况

图18-3　鉴定申请人设施栽培葡萄树遭受水淹危害损失现状

案例19

某果树司法鉴定所关于设施栽培大樱桃树死亡原因的鉴定

某果司鉴所〔2014〕果鉴字第×号

一、基本情况

委托单位：辽宁省某市人民法院

委托鉴定事项：对原告设施栽培大樱桃树死亡原因进行鉴定

受理日期：2014年8月21日

鉴定材料：司法鉴定委托书，司法鉴定协议书，提供鉴定相关材料，鉴定现场设施栽培大樱桃树等

鉴定日期：2014年8月23日

鉴定地点：原告设施栽培大樱桃树坐落地块

在场人员：委托方法官代表人，当地法庭办案法官代表人，原告人、被告人等

二、检案摘要

原告与被告之间是买卖关系。原告对被告说："我家栽培大樱桃树生长结果始终不好，弄点什么药或肥试一试，看看怎么样？"被告说："我家药店还有点几年前已过期的有促根、壮根性的试用品药剂，白给你，拿回去用一用。"原告与被告就是因为此事产生矛盾纠纷。原告诉讼说，因使用被告三无过期药品导致大樱桃树死亡，诉被告赔偿死树经济损失，因此产生纠纷一案。

三、检验过程

果树司法鉴定人，出委托鉴定设施栽培大樱桃树现场，对委托鉴定原告大樱桃树死亡原因认真展开全面勘验、调查、检测、观察、鉴别、记录、拍照等项工作。调查采集大樱桃树树根和根层土壤样本。调查了解与鉴定有关的情况。

（一）鉴定调查方法

采取随机选树的方法。调查地下部根系死亡症状，发生根瘤、活根等情况，调查地上部树干上死皮伤疤、树体流胶等情况。首先鉴定调查已死亡，挖出放置在棚外沟边8年生大樱桃树，调查死树垂直根系长度46.3厘米，侧根长度53厘米，侧根粗0.1～2.1厘米，死树根系层35.7厘米，死根表现烂根的死皮脱离症状，或表现黑褐色的死亡症状，地面往下10厘米左右有白色存活细根。同时采集根系和根层土样备检。调查树干上有流胶现象。调查树干上早有已脱去树皮的大型"伤疤"，调查的伤疤长72厘米、宽11.6厘米。然后调查两个

棚内8年生、6年生活着的大樱桃树，用锹在树下挖土，验根、验土，在地表以下10厘米处有细活根存在，在10厘米以下至40厘米，根系表现烂根死亡或表现黑褐色的死亡症状，根系上有根瘤存在。树下挖深43厘米时见有较坚硬的黄黏土层。调查樱桃树树干上均发生流胶现象。8年生樱桃树树干上见有长度、宽度不等早已脱去树皮的大型"伤疤"存在。"树怕没皮"，这样的树不能正常生长和结果，树势易早衰。

（二）鉴定调查大樱桃树的栽培情况

原告大棚建在水库沿岸边，经过推土整平的地块上，原土为黄土，上层为河滩沙土。樱桃树台式栽培，购大苗定植（原告介绍购买大樱桃树苗时有冻害），台面与沟底差20～30厘米。每个大棚占地约1.2亩。

（三）鉴定调查两个大棚大樱桃树死树情况

设施栽培大樱桃树108株（购苗时有冻害），仅剩35株，8年生。设施栽培6年生大樱桃树存活树多（购苗时无冻害），死亡树少。

四、分析说明

大樱桃树根系脆弱，对土壤条件要求较高，最适宜土层深厚、土质疏松、肥沃、透气良好、保水保肥能力强的沙壤或沙质壤土。在黏质土壤、瘠薄沙土上生长不良。如果活土层在40厘米以内，根系下扎浅，根量少，分布范围小，抗性差，结果后，树体易早衰，易倒伏，经济寿命短。

大樱桃树根系要求土壤通气性高，如果土壤上下通气不好，水分过多，氧气不足，将影响根系的正常呼吸，树体不能正常生长发育，易引起烂根、死根，树体流胶，严重时将导致整株死亡。

土壤湿度过大会引起树体流胶病发生。雨季内涝或用水过多，会造成根系窒息死亡。根系上发生根瘤病也会使树早衰死亡。土壤积累的多效唑量过大时，能产生对根的毒害，甚至使部分根系死亡。树干上有大块死皮伤疤，为残活树。残活树不能正常生长、结果，树势早衰，易死亡。

存在上述问题的树，在开花后的幼果期、果实发育的硬核期，往往会出现大量死树的情况。此时正值营养临界期，新梢旺长，果实硬核和胚发育都需要大量营养，树体内贮存营养已用尽，新制造营养有限，供不应求，树体内代谢发生紊乱。

上述分析情况说明，引起大樱桃树死亡的原因很多，但应抓住主因。

五、鉴定意见

1.鉴定原告设施栽培大樱桃树，土壤存在"通气"问题；根系存在根瘤病、根腐烂问题；树干存在流胶病、"大伤疤"问题。任何一个都能引起大樱桃树的早衰或死亡。无法证明大樱桃树死亡与灌水中混入"克百威"农药存在关联。

2.鉴定提取大樱桃树根层土壤和根系样本，进行权威性科学化验检测。检测报告结果，大樱桃树土壤中、根系中"克百威"农药含量未检出。原告诉被告所送"克百威"农药引起大樱桃树伤害、死亡无科学根据。

 附件：1.现场鉴定设施栽培大樱桃树照片
    2.土壤与根系检测报告（略）
    3.司法鉴定人执业证（略）
    4.司法鉴定许可证（略）

司法鉴定人：（略）
司法鉴定人：（略）
司法鉴定人：（略）
司法鉴定人：（略）

司法鉴定机构：

某果树司法鉴定所
二〇一四年八月二十三日

案例19附图

图19-1　鉴定设施栽培大樱桃树死亡原因

图19-2　大樱桃树树干伤疤和流胶状况

图19-3　大樱桃树根系变色死亡症状

图19-4　栽培大樱桃树土壤土层结构情况

第六章

果树遭受水淹损失鉴定案例

案例20

某果树司法鉴定所关于苹果树及苗木受水淹死亡损失的鉴定

某果司鉴所〔2017〕果鉴字第×号

一、基本情况

委托单位：某石油天然气股份有限公司管道输油气分公司

委托鉴定事项：1.对某县某镇某村申请人2014年受水淹果树的树种品种、株数、树龄及损失价值进行鉴定

2.对当事人受水淹果树苗木品种、株数、树龄及损失价值进行鉴定

受理日期：2017年7月27日

鉴定材料：司法鉴定委托书，提供鉴定材料，现场受水淹的苹果树、苗木等

鉴定日期：2017年9月5日

鉴定地点：绥中县某镇某村申请人苹果园，苗木受水淹地块

在场人员：鉴定委托方代表人，申请人等

二、检案摘要

因埋设输油管道施工，在完工后，地面未能及时恢复原状，于2014年雨季，申请人的苹果树、苹果苗木遭受水淹，造成部分苹果树死亡，苹果苗木伤害，产生经济损失纠纷一案。

三、检验过程

果树司法鉴定人，出委托鉴定遭受水淹的果树现场，对受水淹的苹果树、苹果苗木，现场采取随机选树认真进行鉴定调查、检测、鉴别、记录、拍照。同时调查了解与鉴定有关的情况等。

（一）鉴定调查受水淹苹果树

申请人全园苹果树134株，调查已死亡苹果树25株，残活苹果树20株（存在，已无经济价值）。寒富品种，14年生，株行距3米×4米。树高3.5～4.0米，冠径3米×3米不等，单株平均结果能力80千克。

（二）鉴定调查受水淹苹果苗木

申请人受水淹苹果苗圃地块长70米，宽13.2米（22条垄），先栽砧木苗，后嫁接斗南、金冠等品种，每延长米平均育苗8株。调查100株苗木，其中嫁接品种成活苗32株，嫁接品

种未成活苗68株。

四、分析说明

申请人果园位于丘陵地区，地势西北高东南低，果园在一条沟里，果树栽于沟里一块略高的平滩地上，相邻小沟在雨季流水，在大雨时排水。埋设管道完工后，没能及时恢复小水沟地貌，致使原排水沟在大雨时因排水不畅，造成申请人的苹果园，苹果苗圃地块遭受水淹。受水淹后苹果树发生落果、落叶、死枝、死树现象；受水淹后苹果苗木黄化，出现新梢生长短小、异常等现象。受水淹苹果树均为盛果期树，树形为3主枝半圆形，树体完整，枝量齐全，生长、结果、管理正常，果实套袋生产。

五、鉴定意见

鉴定遭受水淹死亡苹果树的经济损失价值：以株数×单株平均损失产量×果品单价×赔偿年限的方法计算。

1. 45株死亡和残活苹果树，单株平均损失产量80千克，每千克4元，赔偿5年，即 $45×80×4×5=72000$ 元。

2. 89株当年水淹落果绝收苹果树。单株平均损失产量80千克，每千克4元，即 $89×80×4=28480$ 元。

3. 3 942株嫁接成活品种苗木，受水淹影响不能出圃，单株平均损失价值10元，即 $3942×10=39420$ 元。

4. 8 378株嫁接品种未活苗木，受水淹影响不能出圃，单株平均损失价值4元，即 $8378×4=33512$ 元。

合计：173 412元。

以上134株遭受水淹苹果树和12 320株苹果苗木，鉴定经济损失价值金额合计为：人民币壹拾柒万叁仟肆佰壹拾贰圆整。

附件：1.现场鉴定受水淹苹果树、苹果苗木照片

　　　2.价格评估资格证书（略）

　　　3.司法鉴定人执业证（略）

　　　4.司法鉴定许可证（略）

司法鉴定人：（略）

司法鉴定人：（略）

司法鉴定人：（略）

司法鉴定人：（略）

司法鉴定机构：

某果树司法鉴定所

二〇一七年九月八日

案例20附图

图20-1　鉴定申请人遭受水淹死亡盛果期寒富苹果树

图20-2　鉴定申请人遭受水淹苹果苗圃地块

案例21

某果树司法鉴定所关于果树受水淹死亡损失的鉴定

某果司鉴所〔2013〕果鉴字第×号

一、基本情况

委托单位：辽宁省某市中级人民法院

委托鉴定事项：1.对原告死树原因进行鉴定

2.对原告死亡果树进行价值鉴定

受理日期：2013年7月26日

鉴定材料：司法鉴定委托书，司法鉴定协议书，提供鉴定需要的相关材料。鉴定现场地上的果树等

鉴定日期：2013年8月6日

鉴定地点：某市某镇东沟村原告果园地块

在场人员：鉴定委托方法官代表人，村代表人，原告代表人，被告代表人

二、检案摘要

原告诉被告在扩建高速公路时，将路东排水沟土存放在原告果园内地西头，因果园地势东高西低，向西排水入河内，因返土存放使水排不出去，造成果园果树积水内涝死亡，产生经济损失纠纷一案。

三、检验过程

果树司法鉴定人，出委托鉴定果树地块现场，对原告的果树死亡原因、死亡果树损失认真展开勘验、检测、调查、记录、拍照等鉴定工作。鉴定调查采取地下和地上相结合的方法进行，分别随机选择苹果、梨、桃、李子树中的死亡树，地下采取用锹挖土取根，检验果树根系死亡、存活表现症状情况；地上树体采取用剪子和锯截枝、截干，检验树体枝干死亡，存活情况；调查果园地势情况；调查了解果园栽植果树的树种、品种、株数、生长年份、株产、亩产、果价、收入情况等；检验调查苹果、梨、桃、李等果树的树高、树冠、枝量、结果能力、水果价格、果树管理情况等；调查全园苹果树、梨树、桃树、李子树已死亡果树株数及存活果树株数等情况。

四、检验结果

（一）受水淹死亡果树的症状表现

经过深入果园鉴定调查发现，果树园地从东到西地面上大面积存在积水涝害现象，调查死亡的果树树下积水与稀泥深度平均30厘米。鉴定在积水涝害之中的苹果树、梨树、桃树、李子树，检验地下根系全部表现变黑、变色死亡症状，根系死亡先引起地上部大量落叶、落果现象，后发生死枝、死干、死树现象。鉴定果园东头地势较高，基本上没受水淹或受水淹影响不大，梨树、李子树，检验地下根系多数表现存活状态，地上部树体生长、结果表现较为正常。

（二）受水淹死亡果树的株数

全园死亡苹果树276株（含残活树），其中以富士品种为主，有202株；其他品种有印度37株、国光37株，株行距4米×4米不等，15～21年生，调查树高4.5米，冠径4米×4米，单株平均结果能力70千克。全园死亡梨树568株（含残活树），存活梨树52株，品种以爱宕梨为主，株行距2米×2米不等，15～18年生，调查树高3米，冠径2米×2米，单株平均结果能力20千克。全园死亡桃树168株，北京14号、绿化9号品种为主，调查树高2.2米，冠径3米×4米，10～12年生，单株平均结果能力30千克。全园死亡李子树78株（含残活树），存活李子树20株，品种以盖县大李子为主，株行距4米×3米不等，10年生，调查树高3.5米，冠径4米×5米，单株平均结果能力30千克。遭受水淹果树为正常生长结果树，树体完整，枝量齐全，树势稳定，栽培管理正常。

五、分析说明

从原告园地条件看，果园地势东高西低，较平洼。园地为壤土或沙壤土，栽培苹果、梨、桃、李子树多年，果树均在盛果期树龄阶段，多数果树不耐涝。果园发生积水涝害对果树的危害，首先是根系的呼吸作用受到抑制，当土壤中水分过多，缺乏空气时，迫使根系进行无氧呼吸，根内积累酒精使蛋白质凝固，引起根系生长衰弱以致死亡。果树遭受涝害后常出现早期落叶、落果、裂果等现象；根系因缺氧，细根被窒息而死，并逐渐牵涉大根，出现腐烂，导致地上部枝条枯死，严重时整株死亡。桃树、李子树抗涝力最弱，经3～5天的短期积水即可死亡，苹果树、梨树抗涝力在短期比桃树、李子树较强，如果长期积水涝害可致苹果树、梨树死亡。

果树生产实践和果树鉴定实践表明，平洼地果园做好雨季排水工作十分重要。平地、洼地果园，需要雨季及时向外排水，确保果树雨季安全。当果园周边地貌、地势发生变化，果园自然向下排水沟渠、管道等发生改变，都将直接涉及和影响到果园的排水时间、排水流量、排水进程，关系着是否发生果园积水涝害问题，是否会因果园发生涝害造成树势衰弱、减产减收损失；是否会因果园长期发生积水涝害，造成果树大量死亡毁园现象发生。

六、鉴定意见

（一）果树的死亡原因

原告果园地势平洼，相临排水沟口，因被告在动土施工返土时堵塞排水沟口，改变了沟口地貌原状，导致雨季果园排水不畅，引发果树长期积水内涝，造成果树根系窒息死亡，导致地上部整株死亡。

（二）死亡果树的经济损失

受水淹死亡果树的经济损失价值：以株数×单株平均结果能力×果品单价×赔偿年限的方法计算。

1. 死亡苹果树276株，单株平均结果能力70千克，每千克4.6元，赔偿5年，即276×70×4.6×5=444360元。

2. 死亡梨树568株，单株平均结果能力20千克，每千克3.2元，赔偿5年，即568×20×3.2×5=181760元。

3. 死亡桃树168株，单株平均结果能力30千克，每千克3.2元，赔偿4年，即168×30×3.2×4=64512元。

4. 死亡李子树78株，单株平均结果能力30千克，每千克3.2元，赔偿5年，即78×30×3.2×5=37440元。

合计：728 072元。

以上1 090株受水淹死亡果树（含残活树），鉴定经济损失价值金额合计为：人民币柒拾贰万捌仟零柒拾贰元整。

附件：1. 现场鉴定受水淹果树照片
　　　2. 价格评估资格证书（略）
　　　3. 司法鉴定人执业证（略）
　　　4. 司法鉴定许可证（略）

司法鉴定人：（略）
司法鉴定人：（略）
司法鉴定人：（略）

司法鉴定机构：

某果树司法鉴定所
二〇一三年八月十日

案例21附图

图21-1　鉴定遭受降雨积水涝害果树园

图21-2　鉴定果树根系水淹黑褐色死亡症状

图21-3　鉴定盛果期苹果树水淹死亡症状

案例22

某果树司法鉴定所关于果树受水淹死亡损失的鉴定

某果司鉴所〔2014〕果鉴字第×号

一、基本情况

委托单位：辽宁省朝阳市某乡某村当事人

委托鉴定事项：对当事人遭受水淹地块上的苹果树、海棠树、观赏桃树受害损失进行司法鉴定

受理日期：2014年6月24日

鉴定材料：司法鉴定委托书，司法鉴定协议书，相关材料，现场遭受水淹的苹果、海棠、观赏桃树等

鉴定日期：2014年6月25日

鉴定地点：某村当事人受水淹果树地块

在场人员：委托方当事人，有关方代表人等

二、检案摘要

因被告在河道上方修建桥梁，在桥的前面，用土截坝，堵死河道，大雨迫使河水改道，造成当事人苹果树、海棠树、观赏桃树遭受水淹，产生经济损失纠纷一案。

三、检验过程

果树司法鉴定人，出委托鉴定果园现场，在现场对受水淹果树全面认真地开展鉴定调查工作。鉴定调查分不同树种品种，采取随机定树检验、观察、调查、记录、拍照等。同时调查了解与鉴定有关的情况。

（一）受水淹果树的面积、株数

受水淹果树面积19.7亩，7 460株，其中寒富苹果树3 360株，海棠树3 400株，观赏桃树700株。

（二）受水淹果树的生长情况

寒富苹果树平均亩栽166.5株，两刀苗（矮化中间砧），5年生，树高2.5米，冠径1.2米×1.5米，干周15厘米；海棠树栽植株行距1.5米×2.5米不等，5年生，树高2.8米；观赏桃树，3年生，树高2.6米。

（三）受水淹果树表现症状

受水淹地块果树根系普遍受害，根系皮层表现变色，多数黄褐色，须根、吸收根普遍表现变色死亡症状。受水淹地面上覆盖一层0.3米左右厚度的淤泥。苹果树拉枝被水毁折断或死亡。水淹地上苹果树、观赏桃树、海棠树叶片普遍表现失绿、黄化、失色、失去光合作用。果树受水淹，影响今后的加长、加粗、扩冠生长；影响根、枝、芽的生长数量与质量；直接影响栽培者所预期结果的产量、质量与效益，推迟正常的早果、丰产期年限。

四、分析说明

据鉴定调查，果树地块遭受水淹日期，为6月16日至6月18日，于19日积水基本排出。果园受水淹时，洼处水深达0.5米。苹果树、海棠树、观赏桃树被水淹后的表现和反应：水淹轻的树出现早期落叶，细根窒息死亡，大根出现朽根现象；树干被积水淹泡的时间长，皮层易剥落，木质部变色，树冠叶片出现失绿、黄化和枯死现象；严重削弱树势，树不能正常生长、结果；树体降低越冬抗寒性、抗病性；推迟始果期，丰产期，产量低、质量差。受水淹严重的，则毁坏原有树体、树冠，丧失原有结果能力和经济价值。今后会不断发生死枝、死树现象。要及时清除死枝、死树。

受水淹的果树，如还有保留价值，应加强地下、地上的投入和管理，促进树势恢复。扶正冲倒的树木，设立支柱防止动摇，清除根际地面淤泥，对裸露根系培土保护，尽早使果树恢复原状。刨树盘，以利土壤水分散发，对果树起晾根和松土作用，促进新根生长。同时追施生根剂，喷施叶面肥，施暖性肥料，以便恢复树势，为翌年生根和树体生长奠定基础。加强树体越冬防寒保护和病虫害防治。果树受涝，损伤大量细根，必要时可进行树上回缩修剪措施，维护地下与地上平衡，利于果树存活。

五、鉴定意见

鉴定遭受水淹果树当年的经济损失价值：以株数×单株平均损失产量×果品单价的方法计算。

1. 3 360株苹果树，单株平均损失产量5千克，每千克5元，即，3360×5×5=84000元。

2. 3 400株海棠树，单株平均损失产量4千克，每千克5元，即，3400×4×5=68000元。

3. 700株观赏桃树，单株平均损失价值10元，即，700×10=7000元。

合计：159 000元。

以上7 460株遭受水淹果树，鉴定经济损失价值金额合计为：壹拾伍万玖仟圆整。

附件：1.现场鉴定水淹果树照片

2.价格评估资格证书（略）

3.司法鉴定人执业证（略）

4.司法鉴定许可证（略）

司法鉴定人：（略）

司法鉴定人：（略）

司法鉴定人：（略）

司法鉴定人：（略）

司法鉴定人：（略）

司法鉴定机构：

某果树司法鉴定所

二〇一四年六月二十七日

案例22附图

图22-1　鉴定矮化苹果园遭受水淹果树歪斜、地面水冲积物状况

图22-2　鉴定栽培矮化苹果树被水毁折断的主枝

图22-3　鉴定水淹后叶片变色的海棠树、叶片黄化的苹果树

第七章
果树遭受盐水危害损失鉴定案例

案例23

某果树司法鉴定所关于桃树受盐水危害 死亡损失的鉴定

某果司鉴所〔2010〕果鉴字第×号

一、基本情况

委托单位：绥中县前卫镇栽培桃树受盐水危害损失当事人

委托鉴定事项：对桃树遭受盐水危害损失价值的评估鉴定

受理日期：2010年1月15日

鉴定材料：司法鉴定委托书，受盐水危害桃树等

鉴定日期：2010年1月17日

鉴定地点：绥中县前卫镇某村，当事人受盐水危害桃树园区

在场人员：鉴定委托当事人，被告人等

二、检案摘要

当事人承包土地栽植红秋蜜新品种桃树，相邻临时存盐场存盐遭遇雨水，受到流入危害，造成桃树死亡，产生经济损失纠纷一案。

三、检验过程

果树司法鉴定人，出委托当事人栽培桃树现场，在现场对正常生长结果的桃树，半死半活的桃树，死亡的桃树采取随机选树进行鉴定调查、检验、鉴别、观察、记录、拍照等。同时调查了解与鉴定有关的情况。调查桃树的树高、冠径、干周、整形修剪、枝量、结果能力、综合管理等。对半死半活的桃树、死亡桃树重点进行根系的检验、检测。

（一）受害桃树的基本情况

当事人的桃园于2001年栽树建园，桃园为平耕地，地势略有高低，全园栽植红秋蜜新品种，株行距3米×3米不等，8～9年生，树形为开心形，树体完整，枝量齐全，为盛果期树，生长结果正常。全园桃树370株，其中死亡桃树60株，残活桃树110株，正常桃树200株。调查树高2.1米，冠径3米×3米，干粗38.9厘米，单株平均结果能力40千克。桃树生产投入较多，综合管理水平较高，地下正常施农家肥、化肥、灌水等。地上正常整形修剪、病虫防治、稀花稀果、果实套袋，生产的优质果，市场销售价位高、效益好。

（二）受害桃树的表现症状

经过对受盐害死亡桃树根系的检验，桃树根系全部死亡，根系均表现黑褐色死亡症状。

对半死半活桃树根系的检验，根系大部分已变褐色，死亡，只少见有个别大根残活，残活桃树存在已失去原有的经济价值。

四、分析说明

桃树根系生长适宜土壤pH为5.5～6.5，当土壤pH在7.5以上时，易发生黄叶病，栽植桃树影响成活率、寿命、产量及质量；土壤含盐浓度达到0.28%时，桃树部分根系死亡；含盐浓度超过0.28%时，会造成桃树根系大量死亡，导致整株死亡。

桃树土壤受到盐水流入危害，受害严重桃树根系大量死亡，导致整株死亡。受害较轻桃树（半死半活树）有个别粗根残活，地上部主枝大部分已干枯死亡。死树、残活树已失去原有结果能力和经济价值。

桃园土壤受到盐水浸泡后，经过环保部门监测，土壤和地下水受到污染，钠、氯离子严重超标。目前已造成全园桃树部分死亡，并且有逐年递增的趋势。

五、鉴定意见

鉴定受盐水危害死亡桃树的经济损失价值：以株数×单株平均损失产量×果品单价×赔偿年限的方法计算。

1.死亡桃树60株，单株平均损失产量40千克，每千克4元，赔偿5年，即60×40×4×5=48000元。

2.残活桃树110株，单株平均损失产量40千克，每千克4元，赔偿5年，即110×40×4×5=88000元。

合计：136 000元。

以上170株受盐水危害桃树，鉴定经济损失价值金额合计为：人民币壹拾叁万陆仟圆整。

附件：1.现场鉴定受盐水危害桃树照片
    2.价格评估资格证书（略）
    3.司法鉴定人执业证（略）
    4.司法鉴定许可证（略）

司法鉴定人：（略）
司法鉴定人：（略）
司法鉴定人：（略）

司法鉴定机构：

某果树司法鉴定所
二〇一〇年一月十九日

案例23附图

图23-1　鉴定当事人桃树受盐水危害整株死亡症状表现

图23-2　鉴定桃园土壤受盐水淹泡返碱情况及桃树主干死亡症状

图23-3　鉴定盛果期桃树受盐水淹泡整株表现立杆死亡症状

第八章

果树因灌水原因造成减产损失鉴定案例

案例24

某果树司法鉴定所关于9户45栋设施栽培葡萄树因灌水原因造成减产损失的鉴定

某果司鉴所〔2014〕果鉴字第×号

一、基本情况

委托单位：辽宁省某市某发展局

委托鉴定事项：对某市某镇某村，设施栽培葡萄树因灌问题水减产损失的鉴定

受理日期：2014年5月5日

鉴定材料：司法鉴定委托书，司法鉴定协议书，提供每户栽培葡萄生产情况表，现场设施栽培葡萄树等

鉴定日期：2014年5月6日

鉴定地点：某村9户45栋设施栽培葡萄树地块

在场人员：委托方代表人，镇、村代表人，每户当事人等

二、检案摘要

9户45栋设施葡萄生产，因灌用地下有问题水，引起葡萄生长、结果异常，委托果树司法鉴定机构，对每户葡萄树的生长和结果受害损失情况进行鉴定，以便解决问题。

三、检验过程

果树司法鉴定人，出委托鉴定设施栽培葡萄地块现场，对委托鉴定葡萄树事项认真展开勘验、调查、鉴定工作。对9户45栋葡萄树灌用问题水引起生长、结果异常情况，每户选择一两个有代表性的受害大棚葡萄树作为鉴定调查对象。

鉴定调查葡萄大棚12栋，调查131株葡萄树，果穗336个，每株平均有果穗2.56个，每穗平均重0.85千克，每株平均结果2.18千克；调查大棚葡萄根系生长普遍表现黄化，生长异常，侧根、细根、根毛均不同程度发生变色、坏死、死亡现象；葡萄叶片生长小而薄，个别叶片表现畸形、坏死；新梢生长表现萌芽、抽枝势弱，新梢生长缓慢；单株平均果穗少、果穗小、果粒小，大小粒。树势表现弱。

四、分析说明

通过鉴定看到，鉴定设施栽培葡萄早春生产，不同程度存在着土壤灌水勤，灌水量多，土壤湿度大；土壤灌水勤和多，导致大棚内湿度过大。

鉴定设施栽培葡萄为无核白鸡心品种，树龄2～3年生。调查葡萄树根系普遍表现黄

化，根量较少，根系短小，正常根系少，坏死根多；叶片生长小而薄，有的表现畸形、坏死症状；调查葡萄树果穗较少、果穗小、果粒小、大小粒、产量和质量低；葡萄树势普遍偏弱，新梢、果实生长发育缓慢。设施栽培无核白鸡心品种，在正常生长和栽培管理条件下，亩产量在2 500千克左右。

五、鉴定意见

鉴定设施栽培葡萄树因受水害造成当年的产量损失：以株数×单株平均损失产量的方法计算。每亩正常产量减去受害后每亩剩余产量，即是每亩受害减产损失。

1. 1号当事人葡萄产量损失。设施葡萄4.57亩，2 600株，每亩平均569株，单株平均产量2.18千克，即4.57×569×2.18=5668.7千克。减产损失：4.57×2500=11 425千克，11425 − 5668.7=5756.3千克。

2. 2号当事人葡萄产量损失。设施葡萄4.46亩，2 420株，每亩平均542.6株，单株平均产量2.18千克，即4.46×542.6×2.18=5275.6千克。减产损失：4.46×2500=11150千克，11150 − 5275.6=5874.4千克。

3. 3号当事人葡萄产量损失。设施葡萄4.46亩，2 420株，每亩平均542.6株，单株产量2.18千克，即4.46×542.6×2.18=5275.6千克。减产损失，4.46×2500=11150千克，11150 − 5275.6=5874.4千克。

4. 4号当事人葡萄产量损失。设施葡萄4.46亩，2 420株，每亩平均542.6株，单株产量2.18千克，即4.46×542.6×2.18=5275.6千克。减产损失，4.46×2500=11150千克，11150 − 5275.6=5874.4千克。

5. 5号当事人葡萄产量损失。设施葡萄4.41亩，2 330株，每亩528株，株产量2.18千克，即4.41×528×2.18=5076.1千克。减产损失，4.41×2500=11025千克，11025 − 5076.1 = 5948.9千克。

6. 6号当事人葡萄产量损失。设施葡萄4.41亩，2 330株，亩株数528株，株产量2.18千克，即4.41×528×2.18=5076.1千克。减产损失，4.41×2500=11025千克，11025 − 5076.1=5948.9千克。

7. 7号当事人葡萄产量损失。设施葡萄4.46亩，2 420株，亩株数542.6株，株产量2.18千克，即4.46×542.6×2.18=5275.6千克。减产损失，4.46×2500=11150千克，11150 − 5275.6=5874.4千克。

8. 8号当事人葡萄产量损失。设施葡萄4.41亩，2 330株，亩株数528株，株产量2.18千克，即4.41×528×2.18=5076.1千克。减产损失：4.41×2500=11025千克，11025 − 5076.1=5948.9千克。

9. 9号当事人葡萄产量损失。设施葡萄4.46亩，2 420株，亩株数542.6株，株产量2.18千克，即4.46×542.6×2.18=5275.6千克。减产损失，4.46×2500=11150千克，11150 − 5275.6=5874.4千克。

合计：52 975千克。

以上21 690株设施栽培葡萄树因灌用问题水，鉴定当年产量损失为：人民币伍万贰仟玖佰柒拾伍圆整。

附件：1.现场鉴定设施栽培葡萄树照片

2.司法鉴定人执业证（略）

3.司法鉴定许可证（略）

司法鉴定人：（略）

司法鉴定人：（略）

司法鉴定人：（略）

司法鉴定机构：

某果树司法鉴定所

二〇一四年五月九日

案例24附图

图24-1　鉴定设施栽培葡萄树因灌水细
根表现变色死亡症状

图24-2　鉴定设施栽培葡萄树因灌水
多、湿度大叶片表现坏死症状

图24-3　鉴定设施栽培葡萄树果穗、果
粒生长发育异常情况

第九章

果树遭受沙石流淹埋损失鉴定案例

案例25

某果树司法鉴定所关于果树受沙石流淹埋死亡损失的鉴定

某果司鉴所〔2011〕果鉴字第×号

一、基本情况

委托单位：辽宁省营口市某区人民法院司法技术办公室

委托鉴定事项：对申请人果树死亡原因和果树经济损失进行鉴定

受理日期：2011年3月23日

鉴定材料：司法鉴定委托书，申请书，鉴定现场地上果树等

鉴定日期：2011年4月2日

鉴定地点：申请人经营的果树地块

在场人员：委托鉴定方办案法官代表人，申请人等

二、检案摘要

申请人诉被申请人，在高坡处长期堆放大量沙石料，遭受大雨冲刷形成沙石流，把申请人沟边栽培的盛果期果树埋压致死，造成经济损失，产生纠纷一案。

三、检验过程

果树司法鉴定人，出委托鉴定果树现场，对委托鉴定事项认真展开现场鉴定调查工作。鉴定调查首先采取树下用锹挖开埋压沙石取根检验、检测、鉴别、记录、拍照。用尺检测调查死亡果树被沙石流埋压的厚度，调查被沙石流埋压果树的树种、死残株数、树体现状、树龄、结果能力等。调查相邻未受沙石流埋压果树的存活生长现状。同时调查与鉴定有关的情况等。

（一）调查沙石流埋压果树厚度

据选点检验调查，被沙石流埋压果树厚度1.07米，其中底层淤泥（土与石面）厚度0.37米，上层淤沙（沙石）厚度0.7米。

（二）调查沙石流埋压果树株数

据清点调查，被沙石流埋压果树71株。其中富士苹果树36株（大树26株，小树10株），李子树23株（大树17株，小树6株），大杏树12株。调查树高3.0～3.5米，冠径3～4米，干周粗0.26～0.93米，大树树龄10～23年生，小树树龄6～9年生。单株平均结果能力：苹果大树60千克，小树15千克；李子大树30千克，小树10千克；大杏树70千克。

四、分析说明

鉴定果树栽培在沟里略高的平台地上，果树栽培20多年，没受沙石流埋压前，果树生长和结果基本正常。从2006年开始果树不断受沙石流埋压，埋压厚度已达1.07米，沙石流埋压果树的时间长、厚度大，造成果树根系因长期缺少空气和氧气而窒息死亡，最终导致整株死亡。调查被沙石流埋压71株果树，树体枝干大部分已经干枯死亡，有少部分枝干残活，树势严重衰弱，病虫害严重发生，都已失去原有生长和结果能力，埋压树上残活枝，随时有死亡的可能，这样的果树存在已无经济价值。

五、鉴定意见

鉴定被沙石流埋压死亡果树的经济损失价值：以株数 × 单株平均损失产量 × 果品单价 × 赔偿年限的方法计算。

71株被沙石流埋压果树。其中26株大苹果树单株平均损失产量60千克，10株小苹果树单株平均损失产量15千克，17株大李子树单株平均损失产量30千克，6株小李子树单株平均损失产量10千克，12株大杏树单株平均损失产量70千克。每千克4元，赔偿5年。

1.大苹果树：$26 \times 60 \times 4 \times 5 = 31\,200$ 元。

2.小苹果树：$10 \times 15 \times 4 \times 5 = 3\,000$ 元。

3.大李子树：$17 \times 30 \times 4 \times 5 = 10\,200$ 元。

4.小李子树：$6 \times 10 \times 4 \times 5 = 1\,200$ 元。

5.大 杏 树：$12 \times 70 \times 4 \times 5 = 16\,800$ 元。

合计：62\,400 元。

以上71株被沙石流埋压死亡果树，鉴定经济损失价值金额合计为：人民币陆万贰仟肆佰圆整。

附件：1.现场鉴定被沙石流埋压果树照片
2.价格评估资格证书（略）
3.司法鉴定人执业证（略）
4.司法鉴定许可证（略）

司法鉴定人：（略）
司法鉴定人：（略）
司法鉴定人：（略）

司法鉴定机构：

某果树司法鉴定所
二〇一一年四月五日

案例25附图

图25-1　鉴定申请人果树被沙石流淹埋整株死亡症状表现

图25-2　鉴定检验申请人死亡果树被沙石流淹埋深度情况

第十章

果树因施用含氯肥料造成损失鉴定案例

案例26

某果树司法鉴定所关于设施栽培油桃树因施用含氯肥料
造成损失的鉴定

某果司鉴所〔2010〕果鉴字第×号

一、基本情况

委托单位：辽宁省某市中级人民法院

委托鉴定事项：对原告大棚油桃树施用含氯肥料受害损失价值鉴定

受理日期：2010年5月19日

鉴定材料：鉴定委托书，提供受害油桃树照片，现场受害油桃树等

鉴定日期：2010年5月20日

鉴定地点：原告大棚受害油桃树生产地块

在场人员：鉴定委托方办案法官代表人，原告人等

二、检案摘要

原告设施栽植油桃树生产，因购买时被告未标明化肥含氯，施用后造成设施油桃树危害，产生经济损失纠纷一案。

三、检验过程

果树司法鉴定人，出委托鉴定受害设施栽培油桃树现场，在现场针对受害油桃树认真全面开展鉴定调查工作。鉴定调查采取随机选树用尺检验、测量、鉴别、观察、记录，拍照等方法进行。同时调查了解与鉴定有关的情况。

鉴定原告受害大棚1栋，栽植油桃树240株，品种为油桃4号，栽植株行距1米×2米不等，树高1.5～1.8米，干周16厘米，开心形，树体枝量齐全，生长结果正常，4～5年生，单株平均结果能力6.5千克。油桃树的生长、开花、结果、管理均正常。

四、分析说明

原告采用设施栽培油桃生产，因施用被告出售的未标明含氯的化肥，造成全棚桃树叶片受害，黄化、失绿，失去光合能力，黄化叶片大多数已脱落；造成幼果停长、裂果、烂果、落果现象，导致当年绝产绝收；造成树势衰弱，影响当年正常生长和花芽形成，即影响到来年的产量和收入。

五、鉴定意见

鉴定设施栽培油桃树危害的经济损失价值：以株数×单株平均损失产量×果品单价的方法计算。

1.当年产量损失：240株，单株平均损失产量6.5千克，每千克8元，即240×6.5×8=12480元。

2.来年产量损失：240株，单株平均损失产量3.25千克，每千克8元，即240×3.25×8=6240元。

合计：18 720元。

以上240株设施栽培受害油桃树，鉴定经济损失价值金额合计为：人民币壹万捌仟柒佰贰拾圆整。

附件：1.现场鉴定设施栽培受害油桃树照片
　　　2.价格评估资格证书（略）
　　　3.司法鉴定人执业证（略）
　　　4.司法鉴定许可证（略）

司法鉴定人：（略）
司法鉴定人：（略）
司法鉴定人：（略）

司法鉴定机构：

某果树司法鉴定所
二〇一〇年五月二十三日

案例26附图

图26-1 鉴定设施油桃树施用含氯肥料后，受害叶片黄化、干枯死亡

图26-2 鉴定设施栽培油桃树施用含氯肥料后，叶片新梢受害干枯死亡

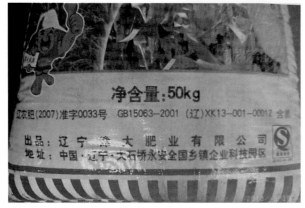

图26-3 原告设施栽培油桃树购买、施用的含氯肥料产品包装袋

案例27

某果树司法鉴定所关于5个村果树施用含氯有机肥料造成损失的鉴定

某果司鉴所〔2016〕果鉴字第×号

一、基本情况

委托单位：辽宁省葫芦岛市某县农业综合执法大队

委托鉴定事项：在苹果树、桃树、梨树上施用含氯有机肥造成危害程度的鉴定

受理日期：2016年8月1日

鉴定材料：司法鉴定委托书，施用含氯有机肥检验报告，提供相关鉴定材料、照片等，施用含氯有机肥果树地块

鉴定日期：2016年8月1日，2016年8月3日

鉴定地点：某县某乡5个村，施用含氯有机肥果树地块

在场人员：鉴定委托方代表人，每村代表人，每户代表人等

二、检案摘要

为果树生产施肥，购买、施用某生物科技有限公司生产的某品牌有机肥，对果树造成危害，产生经济损失纠纷一案。

三、检验过程

果树司法鉴定人，2次出委托鉴定果树现场，对果树施用含氯某品牌有机肥后造成的危害程度，认真全面开展鉴定调查。首先制定施肥受害果树鉴定工作方案，确定鉴定调查具有代表性、不同树种的地块，然后确定不同树种的代表户。现场鉴定调查采取随机选树定位，进行树下挖土取根系检测、检验、全树观察、鉴别、记录、拍照等工作。同时调查了解有关的情况。

（一）鉴定调查苹果树

1号当事人苹果树8～23年生。2号当事人苹果树2～3年生。3号当事人苹果树23年生。4号当事人苹果树10～20年生。5号当事人苹果树20年生。6号当事人苹果树7～22年生。

（二）鉴定调查桃树

1号当事人桃树15年生。2号当事人桃树14年生。3号当事人桃树10年生。4号当事人桃树15年生。5号当事人桃树6～7年生。

（三）鉴定调查梨树

当事人梨树15年生。2015年春季进行果树施肥，大多数果树每株施肥数量在1.0～2.5千克。

鉴定果树采用树下挖土检验根系的方法，查验果树根系是否发生变色、黄化、黑褐、坏死等症状；树上调查新梢、叶片、果实生长发育表现是否存在异常情况。

四、分析说明

果树栽培实践证明，果树对氯相当敏感，施用含氯肥料，极易造成果树根系伤害，甚至造成果树死亡。

鉴定调查某乡5个村的果农在苹果树、桃树、梨树上施用含氯6.1%的某品牌有机肥后，造成果树部分根系变色死亡，失去吸收养分、水分功能，导致地上树体生长结果异常。施肥数量多，离根近，施肥集中的树，根系死的多。施肥数量少，离根远，分散施用的树，根系死的少。因施用数量、施用方法、施用次数等不同，危害程度不同。调查未施用含氯某品牌有机肥的苹果树、桃树、梨树，其地下根系和地上树体新梢、叶片、果实生长发育正常。

五、鉴定意见

鉴定果树施用含氯有机肥的受害程度：

1.根系受害。施用含氯有机肥的果树，吸收根、细根（0.2厘米以下）变色死亡，死根失去原有吸收养分、水分的功能。其他根系都不同程度受到伤害影响，原有功能受到破坏。

2.树体受害。树体不能正常生长和发育。苹果树枝条细弱，叶片小，叶柄细，叶面不光滑、不平整，边缘上卷、干边，叶脆，果实小而扁、发育不正常；桃树叶片纵卷、脆，果实个小、不着色或着色晚，不能正常成熟，有的果实畸形、开裂；梨树受害根系和叶片表现与苹果树相似。凡是施用含氯有机肥的果树，当年的生长和结果均受到不同程度影响，影响树体的营养积累，影响树势，影响花芽分化和来年的产量，造成果树减产减收。

3.受害原因。根据资质部门的检验报告，某品牌有机肥的氯含量高达6.1%，这是造成果树根系死亡和伤害的原因。

    附件：1.现场鉴定果树施用含氯有机肥受害照片

          2.司法鉴定人执业证（略）

          3.司法鉴定许可证（略）

司法鉴定人：（略）

司法鉴定人：（略）

司法鉴定人：（略）

司法鉴定人：（略）

司法鉴定机构：

某果树司法鉴定所

二〇一六年八月六日

案例27附图

图27-1　鉴定桃树施用含氯有机肥后枝
　　　　条、叶片受害状

图27-2　苹果树施用含氯有机肥后叶
　　　　片、果实受害状

图27-3　鉴定果树施用含氯有机肥后根
　　　　系变色死亡状

第十一章
果树被砍伐损失鉴定案例

案例28

某果树司法鉴定所关于苹果树被砍伐损失的鉴定

某果司鉴所〔2009〕果鉴字第×号

一、基本情况

委托单位：辽宁省某市公安局某派出所

委托鉴定事项：对被砍伐苹果树损失进行价值评估鉴定

受理日期：2009年2月4日

材料：司法鉴定委托书，现场被砍伐的苹果树等

鉴定日期：2009年2月5日

鉴定地点：某镇某村当事人被砍伐苹果树地块

在场人员：委托鉴定方办案警官代表人，当事人等

二、检案摘要

2009年1月30日，当事人栽培的10～20年生苹果树，被人为砍伐损毁，造成苹果树生产的严重经济损失。因此，产生破坏果树生产资源和损毁果树资产经济损失一案。

三、检验过程

果树司法鉴定人，出委托鉴定被砍伐苹果树地块，对被砍伐苹果树采取随机选树，鉴定调查检验、观察、鉴别、记录、拍照等。同时调查与鉴定有关的相关情况。

对被砍伐苹果树调查，株数、品种、树龄、整形、修剪、树体枝量、树势、生长发育、结果能力、伤害损失、综合管理等方面情况。

四、检验结果

（一）全园被砍树状况

全园被砍伐苹果树20株。其中国光15株，富士4株，金冠1株，16株为22年生，4株10～12年生。调查结果：国光树高4.8米，冠径4米×4米，干周87厘米；富士树高5.2米，冠径5米×5米，干周91厘米；金冠树高4.5米，冠径4米×4米，干周74厘米。被砍伐苹果树为盛果期树，树形为3主枝半圆形，树体完整，枝量齐全，树势稳定，生长、结果正常。

（二）苹果树被砍伐破坏程度

15株国光树，被锯断3个大主枝的树8株，锯断2个大主枝的树3株，锯断1个大主枝的树4株，被锯毁主枝损失产量不等，15株树产量损失1 700千克；4株富士树，被锯断3个大主枝，产量损失1 600千克；1株金冠树，被锯断1个大主枝，产量损失50千克。

五、分析说明

鉴定被人为锯毁20年生左右正常生长和结果的苹果树，有的树3个大主枝被锯毁，有的树从主干处被截断，这种做法是一种毁树行为。对果树来说是一种极大的伤害，无法弥补。这种破坏行为严重地破坏树体地上与地下的平衡关系，对树体造成断枝伤口，伤口易发生病虫害、冻害。整体园相被破坏。盛果期树3个大主枝被截断，损失全树2/3左右的水果产量。产量减少，收入降低，几年之内无法恢复。主干被截断树，全树被毁。

六、鉴定意见

鉴定被人为砍伐苹果树的经济损失价值：以株数×单株平均损失产量×果品单价×赔偿年限的方法计算。

1. 15株被毁主枝国光苹果树，单株平均损失产量113.3千克，每千克2元，赔偿5年，即$15 \times 113.3 \times 2 \times 5 = 16995$元。

2. 4株被毁主枝富士苹果树，单株平均损失产量150千克，每千克2.4元，赔偿5年，即$4 \times 150 \times 2.4 \times 5 = 7200$元。

3. 1株被毁主枝金冠苹果树，株损失产量50千克，每千克2元，赔偿5年，即$1 \times 50 \times 2 \times 5 = 500$元。

合计：24 695元。

以上20株被人为砍伐破坏苹果树，鉴定经济损失价值金额合计为：人民币贰万肆仟陆佰玖拾伍圆整。

附件：1.现场鉴定被毁苹果树照片
　　　2.价格评估资格证书（略）
　　　3.司法鉴定人执业证（略）
　　　4.司法鉴定许可证（略）

司法鉴定人：（略）
司法鉴定人：（略）
司法鉴定人：（略）

司法鉴定机构：

某果树司法鉴定所
二〇〇九年二月七日

案例28附图

图28-1　盛果期苹果树基部3个大主枝被截断

图28-2　盛果期苹果树基部2个大主枝被截断

图28-3　盛果期苹果树上下2个大主枝被截断

案例29

某果树司法鉴定所关于梨树被毁坏损失的鉴定

某果司鉴所〔2011〕果鉴字第×号

一、基本情况

委托单位：辽宁省锦州市某区公安局某派出所

委托鉴定事项：对当事人被毁坏梨树经济价值鉴定

受理日期：2011年5月19日

鉴定材料：鉴定委托书，果树被毁损情况书，现场被毁坏梨树等

鉴定日期：2011年5月20日

鉴定地点：某乡某村，当事人梨树被毁坏地块

在场人员：鉴定委托方警官代表人，村代表人，当事人等

二、检案摘要

当事人与某乡某村部分村民要求上调承包费问题，双方发生矛盾，为争地问题，最终导致地上梨树被毁事件发生，产生果树损害经济损失纠纷一案。

三、检验过程

果树司法鉴定人，出委托鉴定梨树现场，对被毁梨树情况认真展开鉴定调查、检验、鉴别、记录、拍照。同时调查了解与鉴定有关的情况。

调查梨树被毁坏32株。其中全树被毁坏10株，被烧毁3株，下层3个主枝被劈、折断19株。栽植株行距（2.8～3.7）米×4.5米不等。调查树高2.8米，干周32厘米，冠径2.2米×1.8米。最大树龄8年生，最小树龄6年生。单株平均结果能力8千克。

被毁坏梨树主干分层形，树体完整，枝量较齐全，生长、管理正常。

四、分析说明

现场调查看到，被毁坏梨树均为始果期树，具备一定的结果能力。有的梨树在地面以上0.5米处主干被折断，有的梨树中心干到下层主枝全部被折断，有的梨树下层2～3个主枝从基部被折毁，有的梨树被烧毁。被毁坏的梨树，虽然未造成树体死亡，但造成树体严重伤害、残缺不全，破坏了树体的平衡关系，被毁梨树也丢失原有的结果能力和经济产量，以及预期的经济价值和收入效益。被毁梨树需要全面加强管理和投入，促进梨树生长，努力恢复树体树冠，不断消除树体伤害影响，提高梨树结果能力和水平，使其不断增产增收。

五、鉴定意见

鉴定被损害梨树的经济损失价值：以株数×单株平均损失产量×果品单价×赔偿年限的方法计算。

32株被毁坏梨树，单株平均损失产量8千克，每千克3元，赔偿5年，即 $32 \times 8 \times 3 \times 5 = 3840$ 元。

以上32株被毁坏梨树，鉴定经济损失价值金额合计为：人民币叁仟捌佰肆拾圆整。

附件：1.现场鉴定被损毁梨树照片
　　　2.价格评估资格证书（略）
　　　3.司法鉴定人执业证（略）
　　　4.司法鉴定许可证（略）

司法鉴定人：（略）
司法鉴定人：（略）
司法鉴定人：（略）

司法鉴定机构：

某果树司法鉴定所
二〇一一年五月二十四日

案例29附图

图29-1　鉴定梨树整株树冠被毁坏状况

图29-2　鉴定梨树中心干被折断状况

图29-3　鉴定梨树现场被毁坏全貌

案例30

某果树司法鉴定所关于葡萄树被砍伐损失的鉴定

某果司鉴所〔2018〕果鉴字第×号

一、基本情况

委托单位：辽宁省某市公安局某派出所

委托鉴定事项：对某市某乡某村，当事人被毁葡萄树价值进行鉴定

受理日期：2018年5月18日

鉴定材料：司法鉴定委托书，公安办案询问笔录，现场勘验笔录，现场被毁葡萄树等

鉴定日期：2018年5月19日

鉴定地点：某市某乡某村，当事人被毁葡萄树地块

在场人员：鉴定委托方警官代表人，当事人等

二、基本案情

双方当事人因过去在土地承包中有矛盾，一方对土地上栽培葡萄树进行砍伐破坏，造成葡萄树损害损失，产生经济损失纠纷一案。

三、检验过程

果树司法鉴定人，对委托方提供鉴定材料认真查看，并与委托方代表人共同出被毁葡萄树现场，对被毁葡萄树进行鉴定调查，调查采用圈尺、剪子、手锯等用具进行检验、检测、鉴别、观察、记录、拍照等。同时调查了解与鉴定有关的情况。

1.鉴定调查被锯断葡萄树主蔓117株。品种为巨峰，在地面以上20～30厘米处，用手锯把葡萄树主蔓锯断，被锯断葡萄树蔓长5.2米，10年生，每株平均结果能力7.5千克。

2.鉴定调查被掰枝葡萄树133株。品种为巨峰，在葡萄树主蔓上进行掰枝，被掰枝葡萄树蔓长5.2米，10年生，每株平均结果能力7.5千克。

3.鉴定调查被损毁小葡萄树23株。品种为巨峰，2年生，每株平均结果能力2千克。

四、分析说明

被锯断、被掰枝损毁葡萄树，10年生，盛果期葡萄树，为生长、结果正常树。鉴定得知，本地区是全省葡萄生产、发展重点产区，葡萄是每户的主导产业，是广大农民增收的主要经济来源。葡萄树被损毁，给生产者造成很大经济损失。

五、鉴定意见

鉴定被损毁葡萄树的经济损失价值：以株数 × 单株平均损失产量 × 果品单价 × 赔偿年限的方法计算。

1.被锯断主蔓葡萄树117株，单株平均损失产量7.5千克，每千克4元，赔偿3年，即 $117 \times 7.5 \times 4 \times 3 = 10530$ 元。

2.被掰枝葡萄树113株，单株平均损失产量7.5千克，每千克4元，赔偿2年，即 $113 \times 7.5 \times 4 \times 2 = 6780$ 元。

3.被损毁葡萄树23株，单株平均损失产量2千克，每千克4元，赔偿2年，即 $23 \times 2 \times 4 \times 2 = 368$ 元。

合计：17 678 元。

以上253株被损毁葡萄树，鉴定经济损失价值金额合计为：人民币壹万柒仟陆佰柒拾捌圆整。

附件：1.现场鉴定被损毁葡萄树照片

2.价格评估资格证书（略）

3.司法鉴定人执业证（略）

4.司法鉴定许可证（略）

司法鉴定人：（略）

司法鉴定人：（略）

司法鉴定人：（略）

司法鉴定机构：

某果树司法鉴定所
二〇一八年五月二十二日

案例30附图

图30-1　鉴定当事人盛果期巨峰葡萄树主蔓被锯断状况

图30-2　鉴定当事人巨峰葡萄树主蔓被锯断状况

案例31

某果树司法鉴定所关于撂荒桃树被砍伐损失的鉴定

某果司鉴所〔2017〕果鉴字第×号

一、基本情况

委托单位：河北省某市公安局某分局

委托鉴定事项：对当事人地里被损毁桃树经济价值进行鉴定

受理日期：2017年6月12日

鉴定材料：鉴定聘请书，公安询问笔录资料，被毁桃树照片；被毁桃树地块上的树桩、树根；公安机关提供办案查封的3户毁树者损毁的桃树树干、树枝等

鉴定日期：2017年6月15日

鉴定地点：某区某镇某村，当事人桃树被毁地块

在场人员：鉴定聘请方办案警官代表人，村代表人，当事人等

二、检案摘要

当事人在承包地上栽培桃树，近几年来因家中无人无力经营管理，桃树处于弃管撂荒、自然生长状态，全园杂草丛生，病虫害严重发生，危害猖獗，年年不断发生死枝、死树现象。在此情况下有人砍伐桃树作柴烧。当事人得知后，向公安机关举报，产生被毁桃树案件。

三、检验过程

果树司法鉴定人，出委托鉴定桃树被毁地块现场，对全园213株被毁桃树所留下的树桩、树根及公安机关办案扣押3户偷砍盗伐的桃树干、桃树枝，认真全面开展鉴定调查、检验、检测、记录、拍照。同时认真观察邻近弃管桃树发生虫害危害情况等。

1.鉴定调查被毁桃树留下的树桩长度、粗度。调查采取随机的方法，从地面开始，用尺测量调查树桩的长度12～43厘米，干周粗度22～50厘米不等。

2.鉴定调查被毁桃树树桩上有无重新萌发再生能力。调查全园所有树桩上均无萌发再生现象，在树桩上多见有红颈天牛等蛀干害虫钻蛀危害后所留下的孔道，树桩皮层早已开裂、脱落，树桩木质早已腐朽、腐烂。

3.鉴定调查被毁桃树地下根系有无重新萌发再生能力。从春季至鉴定时，被毁桃树地下根系未见有萌发再生现象。

四、分析说明

据警方提供询问笔录，当事人桃树于2016年12月报警被毁，毁后留下树桩、树根，公安机关办案扣押3户毁树者获取的桃树干、桃树枝。鉴定人于2017年6月15日出场鉴定，鉴定调查被毁桃树所留树桩、树枝，在树桩、树枝的木质部，均能观察到蛀干害虫危害后留下的钻蛀孔道，有的是多孔道；观察树干皮层开裂、脱落、木质腐朽、腐烂现状。这样的危害程度表明，蛀干虫害早在几年前就已发生，并危害猖獗；这样的木质、树皮腐朽程度表明，桃树死亡的时间早、年头长。桃树在被人砍伐损毁以前就已死亡。栽培实践表明，正常活树，如被砍伐或被截干后，树桩、树根有萌发再生能力。

桃树弃管撂荒年头长，这一点可在当事人和无利益关系证人询问笔录中得到认证。撂荒桃园不仅地上荒草高深、病虫害多发、危害逐年加重，腐烂病、流胶病、介壳虫等病虫害也是造成桃树加速树势早衰、死亡的重要因素。红颈天牛，是一种毁灭性的害虫，幼虫既危害树干的皮层，又危害树干的木质部，随龄期增长逐渐向树干的中心危害。此虫一旦爆发，危害猖獗，泛滥成灾。此虫大量发生时，如果没有有效防治措施，短则一两年，长则三四年，就会造成全园核果类果树毁灭性的损失。

五、鉴定意见

当事人在承包地上的所有桃树，早已弃管撂荒。由于弃管原因，红颈天牛等蛀干害虫大量发生，危害成灾，造成全园桃树全部死亡。死亡桃树失去原有生产能力和经济价值。被人为砍伐损毁的桃树，全部是死树，桃树死亡无生产经济价值。

    附件：1.现场鉴定死亡桃树照片
          2.价格评估资格证书（略）
          3.司法鉴定人执业证（略）
          4.司法鉴定许可证（略）

司法鉴定人：（略）
司法鉴定人：（略）
司法鉴定人：（略）
司法鉴定人：（略）
司法鉴定人：（略）
司法鉴定人：（略）

司法鉴定机构：

某果树司法鉴定所
二〇一七年六月二十日

案例31附图

图31-1　鉴定被毁桃树地块现场状况

图31-2　蛀干害虫危害桃树主干多孔道，皮层腐朽

图31-3　受蛀干害虫危害整株死亡的桃树

第十二章
果树被人为喷药伤害损失鉴定案例

案例32

某果树司法鉴定所关于6户巨峰葡萄树被人为喷药损失的鉴定

某果司鉴所〔2016〕果鉴字第×号

一、基本情况

委托单位：辽宁省某市某局某派出所

委托鉴定事项：对某镇某村6户葡萄树在夜间被人为喷药破坏造成伤害损失价值的鉴定

受理日期：2016年5月10日

鉴定材料：司法鉴定委托书，提供办案询问笔录材料，每户葡萄树受害亩数、株数、现场受害葡萄树等

鉴定日期：2016年5月11日

鉴定地点：某市某镇某村，6户受害葡萄树地块

在场人员：鉴定委托方办案警官代表人，村代表人，每户当事人

二、检案摘要

6户正常生产的巨峰葡萄树，夜间被人为喷药损害，造成葡萄树资产破坏，产生经济损失一案。

三、检验过程

果树司法鉴定人，出委托鉴定受害葡萄树现场，对委托鉴定每户受害葡萄树的伤害和损失情况，现场采取随机选树鉴定调查，全面勘验、重点检验、检测、观察、鉴别、记录、拍照等。同时调查了解与鉴定有关的情况。

受害葡萄树为盛果期，独龙蔓栽培，枝量齐全，树势稳定，生长、开花、结果正常，管理配套。

1号当事人：被害葡萄树面积9亩，4 000株，品种为巨峰，6～9年生。主蔓上正常生长的新梢、叶片、花序均明显表现受害及生长异常症状，主蔓受害长度1.7～2.2米不等。受害葡萄树当年预计产量损失1 250千克/亩。

2号当事人：被害葡萄树面积4亩，3 000株，品种为巨峰，3～4年生。主蔓上正常生长的新梢、叶片、花序均明显表现受害、生长异常症状，主蔓受害长度1.7～2.2米不等。受害葡萄树当年预计产量损失1 250千克/亩。

3号当事人：被害葡萄树面积5亩，2 500株，品种为巨峰，5～9年生。主蔓上正常生长的新梢、叶片、花序均明显表现受害、生长异常症状，主蔓受害长度1.7～2.2米不等。受害葡萄树当年预计产量损失1 250千克/亩。

4号当事人：被害葡萄树面积4.5亩，2 000株，品种为巨峰，7年生。主蔓上正常生长的新梢、叶片、花序均明显表现受害、生长异常症状，主蔓受害长度1.7～2.2米不等。受害葡萄树当年预计产量损失1 250千克/亩。另有400株，2年生，品种为巨峰，受害葡萄树当年每株预计产量损失1千克。

5号当事人：被害葡萄树面积2亩，1 280株，品种为巨峰，8年生。主蔓上正常生长的新梢、叶片、花序均明显表现受害、生长异常症状，主蔓受害长度1.7～2.2米不等。受害葡萄树当年预计产量损失1 250千克/亩。被害葡萄树面积4.1亩（2块地），2 130株，品种为巨峰6～7年生。主蔓上正常生长的新梢、叶片、花序均明显表现受害、生长异常症状，主蔓受害长度1.7～2.2米不等。受害葡萄树当年预计产量损失1 000千克/亩。

6号当事人：被害葡萄树面积3亩，800株，品种为巨峰，13年生；被害葡萄树700株，品种为巨峰，4年生。主蔓上正常生长的新梢、叶片、花序均明显表现受害、生长异常症状，主蔓受害长度1.7～2.2米不等。受害葡萄树当年预计产量损失1 000千克/亩。

四、分析说明

受害葡萄树从整个葡萄树架面来看，立架面葡萄树普遍受害严重，立架面高度占葡萄树主蔓长度的一半左右。上架面的葡萄树总体上看，未受害或个别架面略有受害，但不普遍、不严重。

葡萄树主蔓上受害的新梢、叶片、花序均表现：新梢、叶片、花序、卷须抱合不展、不长；长新梢，花序弯曲、畸形、不长，叶片硬脆、反勺畸形、不展、不长，颜色较淡，萎蔫等异常症状。

受害葡萄树的花序不能正常开花结果，新梢不能正常生长，叶片不能正常进行光合作用，树势衰弱，发生病虫害。因此需要加强受害葡萄树的地下、地上配套措施管理，增加投入，尽快恢复树势，减少葡萄树受害造成的产量损失和树体生长影响。此时对受害葡萄树的鉴定仅限于当时检材症状条件。

五、鉴定意见

鉴定被害葡萄树的当年经济损失价值：以株数×单株平均损失产量×果品单价的方法计算。

1号当事人被害葡萄树损失：被害葡萄树9亩，因害当年每亩平均减产1 250千克，每千克4元，即9×1250×4=45000元。

2号当事人被害葡萄树损失：被害葡萄树4亩，因害当年每亩平均减产1 250千克，每千克4元，即4×1250×4=20000元。

3号当事人被害葡萄树损失：被害葡萄树5亩，因害当年每亩平均减产1 250千克，每千克4元，即5×1250×4=25000元。

4号当事人被害葡萄树损失：被害葡萄树4.5亩，因害当年每亩平均减产1 250千克，每千克4元，即4.5×1250×4=22500元。被害葡萄树400株（2年生），因害当年每株平均减产1千克，每千克4元，即400×1×4=1600元。合计：24 100元。

5号当事人被害葡萄树损失：被害葡萄树2亩，因害当年每亩平均减产1 250千克，每千克4元，即2×1250×4=10000元。被害葡萄树4.1亩，因害当年每亩平均减产1 000千克，每千克4元，即4.1×1000×4=16400元。合计：26 400元。

6号当事人被害葡萄树损失：被害葡萄树3亩，因害当年每亩平均减产1 000千克，每千克4元，即3×1000×4=12000元。

合计：152 500元。

以上31.6亩受害葡萄树，鉴定当年产量损失经济价值金额合计为：人民币壹拾伍万贰仟伍佰圆整。

附件：1.现场鉴定受害葡萄树照片
　　　2.价格评估资格证书（略）
　　　3.司法鉴定人执业证（略）
　　　4.司法鉴定许可证（略）

司法鉴定人：（略）
司法鉴定人：（略）
司法鉴定人：（略）
司法鉴定人：（略）

司法鉴定机构：

某果树司法鉴定所
二○一六年五月十四日

案例32附图

图32-1　鉴定当事人受药害葡萄树现状1

图32-2　鉴定当事人受药害葡萄树现状2

图32-3　鉴定当事人受药害葡萄树现状3

案例33

某果树司法鉴定所关于黑奥林葡萄树被人为喷药损失的鉴定

某果司鉴所〔2018〕果鉴字第×号

一、基本情况

委托单位：辽宁省某市公安局某派出所

委托鉴定事项：对当事人被毁葡萄树995株（其中全落叶49株，半落叶946株）的经济损失价值进行鉴定

受理日期：2018年9月5日

鉴定材料：司法鉴定委托书，办案询问笔录，现场勘验笔录，现场被人为喷药受害葡萄树等

鉴定日期：2018年9月6日

鉴定地点：某市某乡某村，当事人被损害葡萄树园区

在场人员：鉴定委托方警官代表人，当事人等

二、基本案情

2018年8月18日，当事人报警称，自己在北山地块栽培的葡萄树，发现被人为喷药破坏，造成部分葡萄树生长和产量损失，请求破案，索赔葡萄树受害经济损失。

三、鉴定过程

果树司法鉴定人，对委托方提供的相关鉴定材料认真查看。并出受害葡萄园现场，在现场对受害葡萄树采取随机选树，用尺测量受害葡萄树蔓长；对新梢、叶片、果穗进行检验、检测、鉴别、观察；对受害葡萄树的长势、枝量、结果、产量、管理情况进行调查；对受害葡萄树的叶片和果穗、果粒干枯脱落情况进行调查。调查了解与鉴定有关的情况。同时做好记录和拍照工作。

（一）受害葡萄树株数情况

受害葡萄树995株，其中受害严重49株，受害较轻946株，品种为黑奥林，小棚架式生产，2年生，东西行向，双行栽植，小行距0.7～0.8米，大行距6～7米，株距0.35～0.45米，独龙蔓栽培，蔓长4.0～4.5米。树体完整，枝量齐全，树势强健，生长结果正常。2018年单株平均结果能力3千克，2019年单株平均结果能力7千克。

（二）受害葡萄树表现症状

受害葡萄树表现：叶片干枯死亡，已全部脱落；果穗干枯，果粒坏死或脱落；新梢萎蔫，停长。受害严重的葡萄树，整株叶片全部干枯脱落；受害较轻的葡萄树，下半部叶片全部干枯脱落。全树果穗、果粒全部坏死。

四、分析说明

受害葡萄树为正常栽培生长结果树，全园生产管理正常，果穗套袋生产。由于人为喷药破坏，造成全园受害葡萄树叶片干枯死亡、脱落，葡萄树将会死亡。造成葡萄树下半部叶片干枯脱落，将导致树势衰弱，抗性降低，缺枝"瞎眼"，产量损失。对有保留价值的葡萄树，要加强管理，增加投入，恢复树势，努力提高产量、质量、效益。对无保留价值葡萄树，要及早清除，补栽新树，恢复全园整齐度，使其增加产能效益。

五、鉴定意见

鉴定被人为喷药伤害葡萄树的经济损失价值：以株数 × 单株平均损失单产 × 果品单价 × 赔偿年限的方法计算。

1. 49 株受害葡萄树，2018 年单株平均损失产量 3 千克，2019 年单株平均损失产量 7 千克，每千克 5 元，即 49×3×5=735 元，49×7×5=1715 元。合计：2 450 元。

2. 946 株受害葡萄树，2018 年单株平均损失产量 3 千克，2019 年单株平均损失产量 5 千克，每千克 5 元，即 946×3×5=14190 元，946×5×5=23650 元。合计 37 840 元。

总计：40 290 元。

以上 995 株被人为喷药伤害葡萄树，鉴定经济损失价值金额合计为：人民币肆万零贰佰玖拾圆整。

附件：1. 现场鉴定受害葡萄树照片

　　　2. 价格评估资格证书（略）

　　　3. 司法鉴定人执业证（略）

　　　4. 司法鉴定许可证（略）

司法鉴定人：（略）

司法鉴定人：（略）

司法鉴定人：（略）

司法鉴定机构：

某果树司法鉴定所

二○一八年九月十一日

案例33附图

图33-1　鉴定当事人受害葡萄树，叶片、果穗、果粒干枯脱落死亡状

图33-2　鉴定当事人受害葡萄树，中下部叶片、果穗干枯脱落状

第十三章
果树被偷盗损失鉴定案例

案例34

某果树司法鉴定所关于栽培6年榛子树被偷盗损失的鉴定

某果司鉴所〔2016〕果鉴字第×号

一、基本情况

委托单位：辽宁 省某市某局刑侦大队

委托鉴定事项：对当事人被偷盗榛子树经济损失价值进行鉴定

受理日期：2016年5月6日

鉴定材料：司法鉴定委托书，提供鉴定相关材料，损失榛子树的株数、照片等；被盗地块存在同样的榛子树；被盗后重新栽植在偷盗人地里的榛子树等。

鉴定日期：2016年5月7日

鉴定地点：某村当事人栽培榛子树地块，被盗榛子树栽植地块

在场人员：鉴定委托方办案警官代表人，当事人，代表人等

二、检案摘要

2016年4月1日，某市某镇某屯，当事人已栽培几年榛子树，6年生，夜里被人偷挖盗走，产生果树资产被盗经济损失一案。

三、检验过程

果树司法鉴定人，出委托鉴定榛子树现场，对委托鉴定榛子树事项，现场认真开展鉴定调查、勘验、检测、鉴别、记录、拍照等项工作。

当事人在平耕地上栽植榛子树，株行距2米×2米不等，被盗榛子树60株，为始果期树。主干形，生长健壮，枝量齐全，管理正常。其中达维品种10株、辽榛3号品种50株，6年生。被盗的达维品种榛子树，树高2.6～3.0米，冠径2米×2米，单株平均结果能力2.4千克；被盗的辽榛3号品种榛子树，树高2.2～2.8米，冠径2.0米×1.5米，单株平均结果能力1.8千克。

四、分析说明

鉴定被盗的榛子树，品种优良，主干形，树体完整，枝量齐全，生长、结果正常，树冠大小差别不大，投入能力、管理水平一般。榛子树栽培由于缺水干旱，个别树已出现干叶干枝现象。因此榛子树要加强地下、地上的投入和管理，不断提高管树能力和水平，促进树体健壮生长，不断提高结果能力和经济效益。

五、鉴定意见

鉴定被偷盗的榛子树的经济损失价值：以株数×单株平均损失产量×果品单价×赔偿年限的方法计算。

1. 10株达维品种榛子树，单株平均损失产量2.4千克，每千克40元，赔偿5年，即10×2.4×40×5=4800元。

2. 50株辽榛3号榛子树，单株平均损失产量1.8千克，每千克40元，赔偿5年，即50×1.8×40×5=18000元。

合计：22 800元。

以上60株被盗榛子树，鉴定经济损失价值金额合计为：人民币贰万贰仟捌佰圆整。

附件：1.现场鉴定被盗榛子树照片

2.价格评估资格证书（略）

3.司法鉴定人执业证（略）

4.司法鉴定许可证（略）

司法鉴定人：（略）

司法鉴定人：（略）

司法鉴定人：（略）

司法鉴定机构：

某果树司法鉴定所

二〇一六年五月十七日

案例34附图

图34-1　当事人丢失的榛子树，经破案，被偷盗人栽在自家地块

图34-2　当事人被盗的榛子树，经破案，被偷盗人栽在自家地块

第十四章

果树受勘探放炮飞石伤害损失鉴定案例

案例35

某果树司法鉴定所关于果树受放炮飞石伤害损失的鉴定

某果司鉴所〔2010〕果鉴字第×号

一、基本情况

委托单位：辽宁省某市人民法院

委托鉴定事项：对原告因被告勘探放炮作业飞石伤害果树损失价值评估鉴定

受理日期：2010年5月19日

鉴定材料：鉴定委托书，某村委会"关于某果园果树损失勘验报告"等相关材料，现场遭受勘探放炮飞石砸伤损害的果树等

鉴定日期：2010年5月20日

鉴定地点：原告受勘探放炮飞石砸伤损害果树地块

在场人员：鉴定委托方办案法官代表人，原告人，被告代表人等

二、检案摘要

原告诉被告，因勘探放炮爆破作业飞石砸伤果树，造成果树损害，产生经济损失纠纷一案。

三、检验过程

果树司法鉴定人，出委托鉴定果树现场，根据委托鉴定事项，鉴定人首先认真阅看某村委会"关于某果园果树损失勘验报告"等相关材料。在鉴定果树现场，采取随机选树调查、检验、检测、鉴别、记录、拍照等项工作。

鉴定调查全园果树骨干枝皮层被飞石砸伤伤疤情况，果树树冠被飞石砸伤、损害情况，果树受飞石伤害后的生长和结果情况等。

（一）鉴定受伤害果树的生长情况

原告果树栽植在西山坡下，坡上果树梯田栽植，株行距（3～5）米×（5～6）米不等，树种混栽，树体完整，枝量齐全，生长、结果、管理正常。调查苹果树高2.6～3.5米，冠径2.1米×2.5米、3.3米×3.4米；调查梨树高3.0～3.6米，冠径2.8米×3米；调查桃树高1.8～2.5米，冠径2.6米×2.8米；调查李子树高2.8米，冠径2.3米×3.0米；调查山楂树高3米，冠径2.8米×2.6米。

（二）鉴定受伤害果树的株数情况

原告果园面积10亩左右，果树706株。苹果死亡163株，品种为黄元帅、富士，单株平均结果能力45千克；梨树死亡10株，单株平均结果能力45千克。毁冠折枝梨树89株，单株平均结果能力22.5千克；桃树死亡3株，单株平均结果能力30千克；李子树死亡1株，单株平均结果能力25千克；山楂树死亡2株，单株平均结果能力30千克。全园果树15年生左右。

四、分析说明

2002年，被告在原告果园附近山上勘探放炮爆破作业，爆破飞石砸伤果树，对果树造成致命伤害。受害果树表现：全树枝干皮层砸开、砸坏、开裂，木质部被砸伤凹陷；树冠枝干劈裂、折断，树冠毁坏；受害树丧失生长、结果能力。对果树生存造成严重威胁。受伤害果树易得病虫害，越冬易受冻害，受伤害严重树将会不断衰弱、死亡。受伤害果树有的即使存活，树体伤疤不能愈合，不能正常生长、结果。全园果树中，被砸成大块伤疤树的，目前存在已无经济价值。

五、鉴定意见

鉴定受勘探爆破放炮飞石砸伤损害果树的经济损失价值：以株数×单株平均损失产量×果品单价×赔偿年限的方法计算。

1.163株死亡苹果树，单株平均损失产量45千克，每千克2元，赔偿5年，即$163×45×2×5=73350$元。

2.10株死亡梨树，单株平均损失产量45千克，每千克1.6元，赔偿5年，即$10×45×1.6×5=3600$元。

3.89株毁冠折枝梨树，单株平均损失产量22.5千克，每千克1.6元，赔偿5年，即$89×22.5×1.6×5=16020$元。

4.3株死亡桃树，单株平均损失产量30千克，每千克2元，赔偿4年，即$3×30×2×4=720$元。

5.1株死亡李子树，单株平均损失产量25千克，每千克1.6元，赔偿5年，即$1×25×1.6×5=200$元。

6.2株死亡山楂树，单株平均损失产量30千克，每千克4元，赔偿5年，即$2×30×4×5=1200$元。

合计：95 090元。

以上268株受勘探爆破放炮飞石砸伤损害果树，鉴定经济损失价值金额合计为：人民币玖万伍仟零玖拾圆整。

附件：1.现场鉴定受飞石砸伤损害果树照片
　　　2.价格评估资格证书（略）
　　　3.司法鉴定人执业证（略）

4.司法鉴定许可证（略）

司法鉴定人：（略）
司法鉴定人：（略）
司法鉴定人：（略）
司法鉴定人：（略）

司法鉴定机构：

某果树司法鉴定所
二〇一〇年五月二十四日

案例35附图

图35-1　被告在山上勘探爆破放炮坑位

图35-2　鉴定原告全园被放炮飞石损害果树

图35-3　果树树干皮层被飞石砸坏留下伤疤

第十五章

果树受树木根系入侵危害损失鉴定案例

案例36

某果树司法鉴定所关于梨树等受相邻绿化树根入侵危害损失的鉴定

某果司鉴所〔2014〕果鉴字第×号

一、基本情况

委托单位：辽宁省锦州市某区人民法院

委托鉴定事项：对原告果树损失数额及果树影响程度进行鉴定

受理日期：2014年12月2日

鉴定材料：司法鉴定委托书，司法鉴定协议书，提供鉴定果树树种、株数相关材料等

鉴定日期：2014年12月3日

鉴定地点：原告承包地上栽培梨树地块

在场人员：鉴定委托方办案法官代表人，原告人，被告代表人等

二、检案摘要

被告某省高速公路管理局栽植高速公路一侧的火炬树，多年旺长，根系入侵原告的梨园地块，大量侵根再生小树，造成梨园梨树、枣树危害死亡，产生经济损失纠纷一案。

三、检验过程

果树司法鉴定人，出委托鉴定梨树地块现场，对委托鉴定事项采取随机选树的方法，认真展开全面勘验、检测、观察、调查、记录、拍照等项工作。同时调查了解与鉴定有关的情况。

（一）鉴定调查果树受害株数情况

果树受害110株，树形为3主枝半圆形，树体完整，枝量齐全，受害前生长、结果正常。其中梨树受害80株（活梨树40株，死梨树40株），品种以南果梨为主；枣树受害30株。果树种植面积约2.16亩。调查梨树高2.5米，冠径1.8米×1.8米，干周19～28厘米，8～10年生不等，单株平均结果能力28千克。调查枣树高2.8米，冠径0.8米×1米，5～8年生，单株平均结果能力10千克。栽植株行距2米×3米不等。

（二）鉴定调查火炬树根系入侵梨树地块情况

被告在高速公路边栽植绿化火炬树带，火炬树根系生长入侵相邻原告梨树地里，根系入侵并大量繁殖密生小树，几年来已长成1.8～2.6米高的小树，严重影响梨树的正常生长和结果。鉴定调查密处1平方米梨树地块，生长火炬树15株，火炬树高0.5～1.0米（在鉴定之前由人工割过），基粗1.5～3.0厘米；调查稀处1平方米梨树地块，生长火炬树5株，

每株在地面上生有2～3个分枝，树高1.8米，基粗2～3厘米。入侵火炬树在梨树地块大量繁殖旺长，并与梨树一起混生。调查原告梨树地块东西长约120米，南北宽约12米，目前火炬树入侵繁殖危害已到梨树地块的北界边缘。

四、分析说明

火炬树原产北美洲，1959年引入我国，1974年全国推广。火炬树适应能力强，根系有超强的繁殖能力，栽1株第二年能繁殖10多株，具有非常强的侵占力，每年入侵繁殖扩散距离3～5米，3～5年入侵根繁苗蔓延快的可到30～100米，成片生长。火炬树繁殖生长有强大的竞争优势，根系入侵果树地块后，在果树地块大量繁殖生长，根系盘根错节，地下与果树生长争肥争水，地上部萌芽率高、丛生，枝干生长速度快，与果树争光，果树严重受害，生长受到抑制、挤压，树冠变小，生长异常，造成果树地块土壤贫瘠，使果树因缺肥、缺水、缺光等原因而生长、发育异常，树体衰弱，抗性降低，病虫害等严重发生。鉴定梨树已发生死枝、死树现象。现有活树也失去原有结果能力和生存经济价值。火炬树自我保护能力强，分泌物很多，会引起过敏人群不良反应，树体枝条生有绒毛。入侵地块火炬树根很难清除。

五、鉴定意见

鉴定果树受绿化树根入侵危害的经济损失价值：以株数×单株平均损失产量×果品单价×赔偿年限的方法计算。

1. 80株梨树，单株平均损失产量28千克，每千克5元，赔偿5年，即80×28×5×5=56000元。

2. 30株枣树，单株平均损失产量10千克，每千克5元，赔偿5年，即30×10×5×5=7500元。合计：63 500元。

以上110株受绿化树根入侵危害梨树、枣树，鉴定经济损失价值金额合计为：人民币陆万叁仟伍佰圆整。

附件：1.现场鉴定受损害梨树、枣树照片
2.价格评估资格证书（略）
3.司法鉴定人执业证（略）
4.司法鉴定许可证（略）

司法鉴定人：（略）
司法鉴定人：（略）
司法鉴定人：（略）

司法鉴定机构：

某果树司法鉴定所
二〇一四年十二月六日

案例36附图

图36-1　鉴定梨树，几年间受相邻绿化火炬树根系入侵密生小树，造成梨树死亡

图36-2　鉴定原告栽培的梨树、枣树，受相邻火炬树根系入侵危害死亡表现

第十六章
果树受遮光影响造成损失鉴定案例

案例37

某果树司法鉴定所关于设施栽培葡萄树是否受相邻大棚遮光影响及损失的鉴定

某果司鉴所〔2011〕果鉴字第×号

一、基本情况

委托单位：辽宁省营口市某区人民法院司法技术办公室

委托鉴定事项：被告在原告大棚前3.6米处，建起高4.7米大棚，是否影响原告棚内葡萄生长采光，如有影响，对葡萄生产损失进行鉴定

受理日期：2011年1月17日

鉴定材料：鉴定委托书，申请书，现场被告新建大棚，原告大棚和棚内种植的葡萄树等

鉴定日期：2011年1月18日，2011年4月2日

鉴定地点：某村，被告、原告设施栽培葡萄树生产地块

在场人员：鉴定委托方办案法官代表人，原告人，被告人等

二、检案摘要

被告在原告大棚前3.6米处，新建一座高4.7米大棚进行葡萄生产，被告大棚影响原告大棚葡萄生产采光，产生经济损失纠纷一案。

三、检验过程

果树司法鉴定人，出委托鉴定设施栽培葡萄地块现场，对委托鉴定事项认真展开调查鉴定工作。调查原告大棚走向，大棚内栽植葡萄树生长、结果和管理情况。调查被告大棚对原告大棚影响采光程度、影响大棚内葡萄的生长、开花、坐果情况等。

原告与被告建筑大棚同向，东西走向，被告在南，原告在北。原告大棚长260米、宽9.5米，棚内葡萄树大小行距栽植，小行距0.6～0.7米，大行距1.5米，每行（双行小行距）栽22株，东西共102排，理论株数2 244株，蔓长1.5～2.4米，2年生，品种为晚红。被告棚长232米，棚高3.7米，被告与原告两棚间距3.6米，鉴定时（中午）直接影响范围原告大棚采光（直射阳光）1.95米，上午和下午采光影响范围比中午的更宽，葡萄生产采光影响约在3月10日结束。调查葡萄树有果穗株率36%，单株平均果穗1.25个，每穗平均重1.5千克。因为受采光影响，葡萄树产量较低。

四、分析说明

大棚葡萄生产为高效农业，如果栽培品种对路，管理科学，葡萄树不仅生长和结果良

好，而且效益很高，是当前保护地果业的发展方向。晚红品种大棚栽培若管理不善，往往徒长，树势上强下弱，下部"瞎眼"或抽枝少，花芽形成不良；如果受到采光影响，葡萄树更易徒长、旺长、花芽形成更少，落花落果严重，坐果率低，果穗较少，产量低而不稳。俗话说，无光不结果，光照少会导致结果少、产量低。被告大棚早春遮荫严重影响原告大棚直射阳光的照射，影响原告大棚内葡萄树提早采光升温生产，影响大棚内气温和地温的提升，影响葡萄树提早萌芽、开花、坐果、成熟，推迟果实成熟期10～20天。由于水果成熟期推迟，水果上市较晚，水果抢先占领市场计划目标被打破，最终影响水果的市场销售价格和经济收入。

五、鉴定意见

鉴定原告设施栽培葡萄树受采光影响当年经济损失价值：以株数 × 单株平均损失产量 × 果品价格的方法计算。

原告设施栽培葡萄树2 244株，设施面积3.7亩，亩栽606株。如果不受采光影响，葡萄树正常生长，单株平均结果能力2.25千克。鉴定调查2 244株葡萄树，有808株结果，每株平均果穗1.25个，平均穗重1.5千克，单株平均产果1.875千克。

1. 1 436株葡萄产量损失。单株平均产量损失2.25千克，每千克10元，即$1436 \times 2.25 \times 10 = 32310$元。

2. 808株葡萄产量损失。单株平均产量损失0.375千克，每千克10元，即$808 \times 0.375 \times 10 = 3030$元。

3. 2 244株葡萄延迟成熟期损失（延迟成熟期10～20天）。单株平均产量2.25千克，每千克延迟上市价格降低2元，即$2244 \times 2.25 \times 2 = 10098$元。

合计：45 438元。

以上2 244株受采光影响设施栽培葡萄树，鉴定当年经济损失价值金额合计为：人民币肆万伍仟肆佰参拾捌圆整。

附件：1.现场鉴定受采光影响设施栽培葡萄树照片
2.价格评估资格证书（略）
3.司法鉴定人执业证（略）
4.司法鉴定许可证（略）

司法鉴定人：（略）
司法鉴定人：（略）
司法鉴定人：（略）

司法鉴定机构：

某果树司法鉴定所
2011年四月五日

案例37附图

图37-1 1月17日，鉴定原告大棚葡萄开始升温
生产，受被告大棚遮光影响状

图37-2 5月18日，鉴定原告大棚晚红葡萄生产
受被告大棚遮光影响，生长、开花、坐
果异常状况

案例38

某果树司法鉴定所关于新建大棚是否对相邻果树生长有遮光影响及损失的鉴定

某果司鉴所〔2014〕果鉴字第×号

一、基本情况

委托单位：辽宁省某市人民法院

委托鉴定事项：申请人所建的大棚是否对被申请人的承包地上果树有遮光现象；若有影响对造成的损失进行鉴定

受理日期：2014年4月2日

鉴定材料：司法鉴定委托书，司法鉴定协议书，提供鉴定的相关材料。现场申请人所建大棚，被申请人栽培的桃树、苹果苗木等

鉴定日期：2014年4月7日

鉴定地点：某市某镇某村，申请人所建大棚地块

在场人员：鉴定委托方办案法官代表人，申请人、被申请人等

二、检案摘要

申请人与被申请人地块东西相邻，被申请人诉申请人所建大棚遮光，影响地上果树正常采光，造成生长结果损失，诉讼请求排除妨碍，赔偿经济损失。因此产生纠纷一案。

三、检验过程

果树司法鉴定人，出委托鉴定申请人所建大棚葡萄生产现场，对申请人所建大棚是否对被申请人地块上果树生产遮光，认真进行鉴定调查工作。鉴定调查分两方面进行：一是利用光照仪器设备，检验、检测、观察、调查大棚遮光、透光情况；二是用尺检测、检验、调查被申请人地块上栽培果树情况；同时调查了解与鉴定有关的情况。

（一）检测申请人大棚遮光情况

申请人所建大棚，栽培葡萄生产，南北走向，棚长185米，棚宽10.2米，棚高4.6米。据4月3日现场鉴定观察，日出5:50时，大棚对西邻地块存在遮光现象。据现场光照强度检测，早晨6:00时，自然光照3 528勒克斯，棚膜下光照1 265勒克斯；在7:00时，自然光照19 170勒克斯，棚膜下光照6 450勒克斯；在8:00时，自然光照44 530勒克斯，棚膜下光照17 020勒克斯；在8:30时，自然光照56 750勒克斯，棚膜下光照20 050勒克斯；在10:00时，自然光65 830勒克斯，棚膜下光照24 570勒克斯。以上数据说明，日出时晨光越早光照强

度越弱，随着时间和太阳高度角增大，自然光照强度随之增加，棚膜下光照强度也在增加，此时桃树（休眠）没有萌芽生长，观察大棚遮光对西邻地块桃树、苗木的影响程度没有实际意义。在桃树萌芽开花后，5月17日对晨光进行模拟观察，早晨日出在5:00时，西邻地块被大棚全部遮光，到早晨7:00时，大棚西邻地块桃树上部已开始见光，地面被遮光，随着太阳高度角增加，桃树见光越来越多，到7：30时，大桃树树体全部见光，光照至大桃树根颈地面，到8:00时，大棚遮光西邻地面解除。此时日出在5:00，日落在18:50，全天日照时间约有13小时50分钟。大棚遮光西邻桃树、苗木时间约有2.0～2.5小时，地面遮光时间约有2.5～3.0小时。进入5月，大棚膜东西两侧上卷至1.8米高处左右。大棚地势略低，大棚东西两侧留有约0.8米宽过道及流水沟，在正常降雨情况下，对西邻地块无太大影响。

（二）调查被申请人地上果树被遮光情况

被申请人地块位于西邻，栽培103株桃树，品种为绿化9号，主干形，树体枝量齐全，生长结果正常。其中26株大桃树，8年生，树高2.4米，冠径2.8米×3.0米；4年生小桃树（假植树）77株，树高2.6米，冠径1.5米×1.9米；1株李子树，8年生；5 498株苹果成品苗，苗高1.1～1.5米，半成品苗645株。

四、分析说明

露地栽培桃树，从萌芽到落叶，生育时期一般在4月下旬至10月下旬，时长6个月左右，夏至白昼时间最长，是日照时间最长的时期，白天时长在14个小时以上。从桃树生长发育时期与光照来说，阳光从谷雨至夏至光照时间和光照强度逐日增长和增强，从夏至到霜降光照时间和光照强度逐日减少和减弱，大棚遮光时间也在变化。大棚遮光对桃树和苗木的正常生长发育有一定影响，影响光照时间、光合作用，导致光合产物、营养积累的相对减少，影响花芽质量，降低桃树、李子树的结果能力。对苗木来说，涉及苗木加长和加粗生长，影响苗木营养积累和组织充实程度，涉及苗木质量和越冬性。

五、鉴定意见

鉴定受大棚遮光影响果树当年的经济损失价值：以株数×单株平均损失产量×果品单价的方法计算。

1.申请人所建大棚，对被申请人地上栽培的桃树、李子树、苗木生长在上午有一段时间遮光影响。

2.受遮光影响果树的经济损失。27株大桃树（含1株李子树），每株当年因遮光影响损失产量20千克，每千克6元，即27×20×6=3240元。77株小桃树，每株当年因遮光影响损失产量3.5千克，每千克6元，即77×3.5×6=1617元。5 498株苹果苗木，因大棚遮光影响苗木生长，当年单株平均损失0.3元，即5498×0.3=1649.4元。645株半成品苗，因大棚遮光影响苗木生长，当年单株平均损失0.1元，即645×0.1=64.5元。

合计：6 570.9元。

以上6 247株受大棚遮光影响果树及苗木，鉴定当年经济损失价值金额合计为：人民币陆仟伍佰柒拾圆零玖角。

附件：1.现场鉴定大棚遮光影响果树照片

2.价格评估资格证书（略）

3.司法鉴定人执业证（略）

4.司法鉴定许可证（略）

司法鉴定人：（略）

司法鉴定人：（略）

司法鉴定人：（略）

司法鉴定机构：

某果树司法鉴定所

二〇一四年四月十三日

案例38附图

图38-1 鉴定申请人大棚遮光影响果树状况1

图38-2 鉴定申请人大棚遮光影响果树状况

图38-3 鉴定申请人大棚遮光影响果树苗木状况

第十七章

果树因授粉原因造成减产损失鉴定案例

案例39

某果树司法鉴定所关于197户南果梨树因授粉原因造成减产损失的鉴定

某果司鉴所〔2007〕果鉴字第×号

一、基本情况

委托单位：辽宁省某市公安局经济犯罪侦查大队；某市某镇人民政府

委托鉴定事项：197户对南果梨树人工授粉使用永丰牌花粉，减产损失价值进行技术评估鉴定

受理日期：2007年8月10日

鉴定材料：鉴定委托书，提供每户购买使用永丰牌花粉数量明细表等，现场使用不同来源品牌花粉对南果梨树进行人工授粉的授粉树等

鉴定日期：2007年8月11日

鉴定地点：某村197户使用永丰牌花粉、使用其他来源品牌花粉，人工授粉南果梨树地块

在场人员：鉴定委托方代表人，授粉户当事人，村民代表人等

二、检案摘要

197户栽植南果梨树，购买永丰牌花粉对南果梨树花期授粉，授粉后授粉树坐果率极低，造成授粉梨树当年严重减产损失，产生经济损失纠纷一案。

三、检验过程

果树司法鉴定人，出委托鉴定授粉南果梨树现场，在镇、村及村民代表的全力配合下，对197户使用永丰牌花粉与使用其他花粉（对照）的南果梨树，选择同园、相邻、同龄（15～20年生）、树势相似树，采取随机划片，进行订户、定行、定树、定枝的调查、检验、鉴别、观察、记录、拍照等项工作。同时调查了解与鉴定有关的情况。

（一）调查南果梨树花序坐果情况

全园均为盛果期梨树，树形为3主枝半圆形，树体完整，枝量齐全，树势稳定，生长、结果、管理正常。调查使用永丰牌花粉授粉南果梨树31株（枝），调查2 851个花序，坐果花序809个；使用其他花粉授粉南果梨树15株（枝），调查1 262个花序，坐果花序1 075个。

（二）调查南果梨树坐果率情况

使用永丰牌花粉，平均坐果率28.37%；使用其他花粉，平均坐果率85.18%。永丰牌花粉坐果率与其他花粉坐果率差为85.18% − 28.37% =56.81%。同样授粉，用不同花粉，坐果率差距很大。

四、分析说明

鉴定得知，同样是南果梨树，同样的人工点授方法，只因使用不同来源、不同质量的花粉，坐果率高低差别很大。鉴定主产区栽培南果梨树，因为品种单一，每年花期都要进行人工授粉，以提高坐果率，保证产量，增加产量，提高质量，增加收入。凡是使用假花粉、过期失效花粉给果树授粉之后，都会造成只授粉不坐果的严重后果。因此，在选择购买花粉时，一定要十分慎重，防止以上问题的发生。

五、鉴定意见

鉴定南果梨树因花粉问题的减产损失价值：以1克花粉 × 坐果个数 × 平均果重 × 减产数量 × 果品单价的方法计算。

人工点授，1克花粉平均坐果3 000个，平均重60克，减产56.81%，除以1 000折成千克，即1 × 3000 × 60 × 56.81% ÷ 1000=102.258千克。

197户使用永丰牌花粉4 865克对南果梨树授粉，每克花粉平均减产102.25千克，每千克2.6元，即4865 × 102.258 × 2.6=1293 461.44元。

以上4 865克永丰牌问题花粉人工授粉南果梨树，鉴定经济损失价值金额合计为：人民币壹佰贰拾玖万叁仟肆佰陆拾壹圆肆角肆分。

附件：1.鉴定授粉南果梨树照片
　　　2.价格评估资格证书（略）
　　　3.司法鉴定人执业证（略）
　　　4.司法鉴定许可证（略）

司法鉴定人：（略）
司法鉴定人：（略）
司法鉴定人：（略）
司法鉴定人：（略）
司法鉴定人：（略）

司法鉴定机构：

某果树司法鉴定所
二〇〇七年八月十三日

案例39附图

图39-1　人工授粉后的南果梨树结果状况

图39-2　人工授粉后的南果梨树结果着色状况

图39-3　人工授粉后盛果期南果梨树，果实成熟期果面着色状况

第十八章

果树受除草剂危害损失鉴定案例

案例40

某果树司法鉴定所关于苹果树受除草剂危害损失的鉴定

某果司鉴所〔2008〕果鉴字第×号

一、基本情况

委托单位：辽宁省某市司法局法律服务所

委托鉴定事项：对原告苹果树受药害损失价值进行司法鉴定

受理日期：2008年5月10日

鉴定材料：司法鉴定委托书，现场受药害的苹果树等

鉴定日期：2008年5月11日

鉴定地点：原告受药害苹果树地块

在场人员：委托鉴定方代表人，原告人等

二、检案摘要

原告诉被告，因玉米地喷施除草剂，造成原告苹果树生长和开花坐果危害，产生经济损失纠纷一案。

三、检验过程

果树司法鉴定人，出委托鉴定苹果树受药害现场，对苹果树受害情况全面认真开展鉴定调查工作。调查采取随机选树，对苹果树新梢、叶片、花朵受害症状，受害株数、受害程度、开花坐果、减产损失，对树体、树势、生长影响等认真检验、检测、鉴别、观察、记录、拍照。同时调查了解与鉴定有关的情况等。

四、检验结果

（一）苹果树受害症状

新梢和叶片生长受到抑制，畸形生长，受害叶片焦尖、焦边、失绿，向后背卷成"柳叶状"；花朵器官异常，雄蕊松散，雌蕊柱头弯曲，花瓣变色，不能正常开花、授粉、结果。

（二）苹果树受害株数

原告全园有苹果树239株，其中，91株为秋锦、金冠、锦红、祝光等品种，因开花期较早，受除草剂危害程度较重，单株平均损失产量40千克；另148株品种为国光，因物候

期较晚，受除草剂危害程度较轻，单株平均损失产量15千克。调查受害苹果树树形为3主枝半圆形，树体完整，枝量齐全，生长、开花、结果正常。调查树高2.5～3.5米，冠径2.8米×3.0米。20～30年生。

（三）苹果树受害影响及损失

全园苹果树普遍受害，受害树直接影响当年的正常萌芽、抽枝、展叶、开花、授粉、坐果；影响树势、抗病虫、抗寒能力。造成当年严重减产和树体正常生长发育。

五、分析说明

受除草剂危害苹果树，为正常生长的盛果期树。树形为3主枝圆头形，树体健全，各类枝量齐全，果树正常管理，栽植株行距4米×5米，多为老品种。苹果树受害损失，主要表现在当年的产量损失和影响树势方面。

六、鉴定意见

鉴定受除草剂危害苹果树的当年经济损失价值：以株数×单株平均损失产量×果品单价的方法计算。受害苹果树需要增加投管费用。

1. 91株苹果树，单株平均损失产量40千克，每千克2元，即91×40×2=7280元。每株需增加投管费10元，即91×10=910元。合计：8190元。

2. 148株苹果树，单株平均损失产量15千克，每千克2元，即148×15×2=4440元。每株需增加投管费3元，即148×3=444元。合计：4884元。

总计：13074元。

以上239株受除草剂危害苹果树，鉴定经济损失价值金额合计为：人民币壹万叁仟零柒拾肆圆整。

附件：1.现场鉴定受药害苹果树照片
      2.价格评估资格证书（略）
      3.司法鉴定人执业证（略）
      4.司法鉴定许可证（略）

司法鉴定人：（略）
司法鉴定人：（略）
司法鉴定人：（略）

司法鉴定机构：

某果树司法鉴定所
二〇〇八年五月十五日

案例40附图

图40-1　鉴定原告苹果树开花期受除草剂危
　　　　害损失情况

图40-2　鉴定原告苹果树开花期受除草剂危
　　　　害症状

图40-3　鉴定原告苹果树开花期受除草剂危
　　　　害表现

案例41

某果树司法鉴定所关于南果梨树受除草剂危害损失的鉴定

某果司鉴所〔2010〕果鉴字第×号

一、基本情况

委托单位：辽宁省某市人民法院司法技术室

委托鉴定事项：对原告受除草剂危害南果梨树的产量损失进行鉴定评估

受理日期：2010年8月10日

鉴定材料：司法鉴定委托书，起诉状，梨树受害照片和录像光盘，现场受害梨树等

鉴定日期：2010年8月11日

鉴定地点：原告栽培梨树受除草剂危害地块

在场人员：鉴定委托方办案法官代表人，原告人，被告人等

二、检案摘要

原告诉被告，2010年5月5日，因被告使用乙扑噻和乙草胺两种除草剂，对相邻原告的南果梨树造成危害损失，产生经济损失纠纷一案。

三、检验过程

果树司法鉴定人，出委托鉴定受除草剂危害梨树现场，针对委托鉴定事项全面认真开展鉴定调查工作。鉴定调查采取随机选树检验、检测、鉴别、观察、记录、拍照等方法。同时调查了解与鉴定有关的情况。

1. 调查南果梨树受害部位和表现症状。

2. 调查南果梨树受害程度和范围。

3. 调查受害南果梨树生长发育现状。

4. 调查南果梨树受害产量损失等。

四、检验结果

（一）受害南果梨树表现症状

叶片、花序、花朵均表现失绿、畸形、枯死、脱落症状。

（二）南果梨树受害程度

调查南果梨树受害轻重程度与喷除草剂时的风向、风力有关，距离喷除草剂地点越近

的树、顺风向的树受害越重，反之则轻。受害严重的树，早期叶片90%受害，50%叶片干枯脱落，全树花序过半干枯或脱落；受害较轻的树，早期叶片50%受害，20%～30%叶片干枯脱落，部分花序干枯或脱落。受害梨树造成严重减产、降质，树体发育不良，树势衰弱等。

（三）南果梨树受害株数情况

调查受害南果梨树134株，20年生左右，单株平均结果能力110千克。其中，受害严重树60株，单株平均损失产量55千克，质量降低55千克。74株受害较轻树，单株平均减产30千克，质量降低20千克。

（四）南果梨生长发育现状

调查南果梨树树高4.9米，冠径6米×5米，干周46.5厘米。树形为3主枝半圆形，树体完整，枝量齐全，果树生长和结果正常，树势健壮。梨园为平耕地，土壤条件较好，全园管理正常。

五、分析说明

苹果、梨、葡萄、桃、李、杏等大多数果树，是对除草剂敏感的植物。果树附近或周边使用除草剂，一旦使用不慎，极易发生药害。南果梨是对除草剂敏感的植物。生产实践证明，不论是灭生性除草剂，还是选择性除草剂，只要接触、挥发、飘移到树体上都会产生不同程度的药害。

在南果梨树等敏感植物附近施用乙草胺和乙扑噻除草剂时要特别慎重，如果药剂直接喷到树体上，易发生药害；如果使用高剂量（超过规定剂量），易发生药害；如果在大风天施用（风速超过3级），易发生药害；如果施药时或施药后持续低温多雨（相对湿度低于50%），易发生药害；以及其他原因等，都会不同程度发生药害，造成叶片、花序等干枯坏死，减产，降质，树体生长发育异常，树势衰弱，甚至发生死树现象等。

六、鉴定意见

鉴定受除草剂危害梨树当年的经济损失价值：以株数×单株平均损失产量×果品单价的方法计算。受害梨树需要增加投管费用。

1.受害梨树减产损失。其中，60株，单株平均减产55千克；74株，单株平均减产30千克，每千克3元。即60×55×3=9900元，74×30×3=6660元。合计：16 560元。

2.受害梨树降质损失。其中，60株，单株平均降质55千克；74株，单株平均降质20千克，降质损失每千克1元。即60×55×1=3300元，74×20×1=1480元。合计：4 780元。

3.受害梨树需要增加投管费用。134株受害梨树，地下需要增加土、肥、水管理，地上需要增加树体夏剪、病虫防治、恢复树势等的管理，每株平均增加10元，即134×10=1340元。

合计：22 680元。

以上134株受除草剂危害梨树，鉴定经济损失价值金额合计为：人民币贰万贰仟陆佰捌拾圆整。

　　附件：1.现场鉴定受除草剂危害南果梨树照片
　　　　　2.价格评估资格证书（略）
　　　　　3.司法鉴定人执业证（略）
　　　　　4.司法鉴定许可证（略）

　　司法鉴定人：（略）
　　司法鉴定人：（略）
　　司法鉴定人：（略）

　　司法鉴定机构：

某果树司法鉴定所
二〇一〇年八月十四日

案例41附图

图41-1　鉴定原告盛果期南果梨树受除草剂危
　　　　害，新梢、叶片死亡症状1

图41-2　鉴定原告盛果期南果梨树受除草剂危
　　　　害，新梢、叶片死亡症状2

案例42

某果树司法鉴定所关于5户葡萄树受除草剂危害损失的鉴定

某果司鉴所〔2013〕果鉴字第×号

一、基本情况

委托单位：辽宁省凌源市某乡人民政府

委托鉴定事项：对某村5户葡萄树受害原因和经济损失鉴定

受理日期：2013年7月24日

鉴定材料：司法鉴定委托书，司法鉴定协议书，提供每户葡萄树受害面积，株数材料，现场受害葡萄树等

鉴定日期：2013年7月25日

鉴定地点：某村5户受害葡萄树地块

在场人员：鉴定委托方乡、村代表人，5户当事人及代表人等

二、检案摘要

因与葡萄树种植地块相邻的铁路使用化学除草剂飘移，致使5户种植葡萄树受害，造成葡萄树生长和结果异常，葡萄严重减产、降质、减收，产生经济损失纠纷一案。

三、检验过程

果树司法鉴定人，出委托鉴定受害葡萄树地块现场，对每户葡萄树受害表现症状和受害损失情况，认真开展全面勘验、调查、鉴定工作。调查受害葡萄采取随机选树，对新梢、叶片、果穗、果粒，用尺检测、鉴别、观察、记录、拍照等。调查了解与鉴定有关的情况。

鉴定受害葡萄树，均为正常生长和结果树，独龙蔓或双龙蔓栽培，小棚架，树体完整，枝量齐全，生长和结果正常，生产配套，管理到位。

1号当事人受害葡萄树为巨峰品种，种植面积5.1亩，4 600株，2～3年生，栽植株行距0.5米×3.0米不等。调查葡萄树蔓长2.8米，叶片数量24片，其中明显表现"畸形叶片"症状14片。葡萄树受害造成当年每亩平均减产1 000千克，每亩平均降低质量1 000千克；造成来年每亩平均减产600千克。

2号当事人受害葡萄树为巨峰品种，种植面积3.5亩，2 700株，4～5年生，栽植株行距0.5米×5.0米不等。调查葡萄树蔓长3米，叶片数量29片，其中明显表现"畸形叶片"症状15片。葡萄树受害造成当年每亩平均减产1 000千克，每亩平均降低质量1 000千克；造成来年每亩平均减产600千克。

3号当事人受害葡萄树为巨峰品种，种植面积2.5亩，1 300株，2～3年生，栽植株行

距0.5米×5.0米不等。调查葡萄树蔓长2.6米，叶片数量24片，其中明显表现"畸形叶片"症状12片。葡萄树受害造成当年每亩平均减产1 000千克，每亩平均降低质量1 000千克；造成来年每亩平均减产600千克。

4号当事人受害葡萄树品种为8611，种植面积0.5亩，600株，3年生，栽植株行距0.5米×4.0米不等。调查葡萄树蔓长2.5米，叶片数量25片，其中明显表现"畸形叶片"症状12片。葡萄树受害造成当年每亩平均减产1 000千克，每亩平均降低质量1 000千克；造成来年每亩平均减产600千克。

5号当事人受害葡萄树品种为巨峰，种植面积3.7亩，1 840株，3～4年生，栽植株行距0.5米×4.0米不等。调查葡萄树蔓长3米，叶片数量30片，其中明显表现"畸形叶片"症状15片。葡萄树受害造成当年每亩平均减产1 000千克，每亩平均降低质量1 000千克；造成来年每亩平均减产600千克。

四、分析说明

5户当事人葡萄树受害，是因为葡萄园附近铁路两边喷洒化学除草剂造成的，距离除草剂施药点越近，葡萄树受害越重。

葡萄树受除草剂危害表现症状：新梢、叶片呈畸形，似扇状，叶脉失绿，叶片硬化、皱缩、呈鸡爪状；老叶降低光合作用；坐果率低，呈大小粒，果实皮厚，生长缓慢，不同程度失绿。

受害葡萄树，当年不能正常生长和结果，减产、降质；受害叶片不能正常光合作用，吸收营养减少，光合产物少；新梢不能正常生长，不能正常成熟；枝芽不能正常生长和花芽分化；不同程度地影响当年的树势和来年的产量；受害葡萄树抗性能力普遍降低，易发生病虫害和树体冻害。受害葡萄树需增加投入，全面加强地下土、肥、水和地上树体管理及病虫害防治工作。增强树势和恢复产量。

五、鉴定意见

(一)葡萄树受害的原因

5户当事人葡萄树受害原因，是因为附近铁路使用化学除草剂飘移所造成的。

(二)葡萄树受害的经济损失价值

以亩数×亩均损失产量（质量）×果品单价的方法计算。

1. 1号当事人5.1亩，4 600株，当年每亩平均减产1 000千克，每千克6元。当年每亩平均降低葡萄质量1 000千克，每千克降质减收2元。来年每亩平均减产600千克。即：5.1×1000×6=30600元，5.1×1000×2=10200元。5.1×600×6=18360元。合计：59 160元。

2. 2号当事人3.5亩，2 700株，当年每亩平均减产1 000千克，每千克6元。当年每亩平均降低葡萄质量1 000千克，每千克降质减收2元。来年每亩平均减产600千克。即：3.5×1000×6=21000元，3.5×1000×2=7000元。3.5×600×6=12600元。合计：40 600元。

3. 3号当事人2.5亩，1 300株，当年每亩平均减产1 000千克，每千克6元。当年每亩平均降低葡萄质量1 000千克，每千克降质减收2元。来年每亩平均减产600千克。即：2.5×1000×6=15000元，2.5×1000×2=5000元。2.5×600×6=9000元。合计：29 000元。

4.4号当事人0.5亩，600株，当年每亩平均减产1 000千克，每千克6元。当年每亩平均降低葡萄质量1000千克，每千克降质减收2元。来年每亩平均减产600千克。即：0.5×1000×6=3000元，0.5×1000×2=1000元。0.5×600×6=1800元。合计：5 800元。

5.5号当事人。3.7亩，1 840株，当年每亩平均减产1 000千克，每千克6元。当年每亩平均降低葡萄质量1 000千克，每千克降质减收2元。来年每亩平均减产600千克。即：3.7×1000×6=22200元，3.7×1000×2=7400元。3.7×600×6=13320元。合计：42 920元。

总计：177 480元。

以上11 040株受除草剂危害葡萄树，鉴定经济损失价值金额合计为：人民币壹拾柒万柒仟肆佰捌拾圆整。

附件：1.现场鉴定受除草剂危害葡萄树照片
2.价格评估资格证书（略）
3.司法鉴定人执业证（略）
4.司法鉴定许可证（略）

司法鉴定人：（略）
司法鉴定人：（略）
司法鉴定人：（略）
司法鉴定人：（略）

司法鉴定机构：

某果树司法鉴定所
二〇一三年八月三日

案例42附图

图42-1 鉴定葡萄树受除草剂危害，新梢、叶片异常症
状表现

图42-2 鉴定葡萄树受除草剂危害，新梢、叶片、果穗、
果粒异常症状表现

案例43

某果树司法鉴定所关于五味子树受除草剂危害损失的鉴定

某果司鉴所〔2008〕果鉴字第×号

一、基本情况

委托单位：辽宁省某市中级人民法院

委托鉴定事项：对五味子树受农药污染损失进行价值鉴定

受理日期：2008年6月13日

鉴定材料：司法鉴定委托书，现场受除草剂危害的五味子树等

鉴定日期：2008年6月15日

鉴定地点：某市某县某镇林场种子园

在场人员：鉴定委托方办案法官代表人，原告人、林场代表人等

二、检案摘要

因附近喷施除草剂灭草，造成原告五味子树损害，产生经济损失纠纷一案。

三、检验过程

果树司法鉴定人，出委托鉴定受除草剂危害五味子树现场，对全园受害五味子树采取随机选行、选树，进行检验、检测、鉴别、观察、记录、拍照等项工作。同时调查了解与鉴定有关的情况。

（一）受害五味子树面积、株数情况

五味子树受除草剂危害面积10亩，每亩888株，栽植株行距为0.5米×1.5米，基部直径为0.8～1.2厘米，树龄3～4年生，树高2.0～2.3米。

（二）受害五味子树症状表现

五味子树受除草剂危害主要表现在叶片、新梢、开花坐果上。受害叶片表现症状：叶片黄化、失绿、枯边，干枯死亡，脱落。新梢受害表现症状：停长、茎细、变形、枯梢。花器官受害表现症状：变色、畸形，枯花，丧失产量。由于被告使用易挥发、飘移性除草剂，距离较近的五味子树受药害重，反之则轻。五味子树受药害后，造成树体生长普遍衰弱，受害严重的新梢、叶片将会干枯死亡。

四、分析说明

五味子树对含2，4－滴丁酯类易挥发、飘移的除草剂非常敏感，易受危害，在五味子树附近施用此类除草剂会造成叶片大量失绿、干枯死亡、脱落，绝产绝收。受害树因叶片枯死，不能进行光合作用，造成树势严重衰弱，不仅影响当年的生长和结果，而且影响来年的树势和产量。

五、鉴定意见

鉴定受除草剂危害五味子树的经济损失价值：以亩数×亩均损失产量×果品单价的方法计算。

1.受害五味子树10亩，当年每亩损失产量600千克，每千克14元，即10×600×14=84000元。

2.受害五味子树10亩，来年每亩损失产量300千克，每千克14元，即10×300×14=42000元。

合计：126 000元。

以上10亩受除草剂危害五味子树，鉴定经济损失价值金额合计为：人民币壹拾贰万陆仟圆整。

附件：1.现场鉴定受药害五味子树照片

2.价格评估资格证书（略）

3.司法鉴定人执业证（略）

4.司法鉴定许可证（略）

司法鉴定人：（略）

司法鉴定人：（略）

司法鉴定人：（略）

司法鉴定人：（略）

司法鉴定机构：

某果树司法鉴定所

二〇〇八年六月二十四日

案例43附图

图43-1　鉴定五味子树受除草剂危害症状表现、损失情况

图43-2　鉴定五味子树受除草剂危害新梢、叶片、失绿、黄化、干枯症状

第十九章
果树受污染危害损失鉴定案例

案例44

某果树司法鉴定所关于梨树受工厂排放污水废气危害损失的鉴定

某果司鉴所〔2007〕果鉴字第×号

一、基本情况

委托单位：锦州市果树农场某分场当事人

委托鉴定事项：对某村东荒地道南地块上梨树受污水废气伤害造成经济损失价值进行技术鉴定

受理日期：2007年5月24日

鉴定材料：司法鉴定委托书，现场受污水气体危害的梨树等

鉴定日期：2007年5月25日

鉴定地点：某村两位当事人梨树受污水废气危害地块

在场人员：鉴定委托方当事人，被告方代表人等

二、检案摘要

当事人在承包地上栽培梨树生产，受到附近工厂生产排放的废水废气污染，造成梨树危害损失，产生经济损失纠纷一案。

三、检验过程

果树司法鉴定人，出委托鉴定受害梨树现场，对受害梨树采取随机选树，检验、检测、鉴别、观察、记录、拍照等鉴定方法。调查了解与鉴定有关的情况等。

（一）1号当事人梨树受害情况

全园梨树225株，主栽锦丰梨，辅栽苹果梨，5年生，南北行向，平地，株行距3米×4米，树高2.0～2.8米，冠径1.5米×2.2米，树形3主枝半圆形，树体完整，枝量齐全，生长结果正常，梨树正常管理，单株平均结果能力5千克。

152株梨树受害。受害梨树表现症状：受害重的树，叶片呈深棕色或浅棕色，干枯死亡，或脱落；受害轻的树，叶片呈退绿花叶状。全树叶片受害率在50%以上的树，有51株，全树叶片受害率在50%以下的树，有101株。

（二）2号当事人梨树受害情况

全园梨树235株，主栽锦丰梨，辅栽苹果梨，5年生，南北行向，株行距3米×4米，树高2.0～2.6米，冠径1.6～2.4米，树形3主枝半圆形，树体完整，枝量齐全，生长结果正

常，梨树正常管理，单株平均结果能力5千克。

157株梨树受害。受害梨树表现症状：受害重的树，叶片呈深棕色或浅棕色，干枯死亡，或脱落；受害轻的树，叶片呈退绿花叶状。全树叶片受害率在50%以上的树，有55株，全树叶片受害率在50%以下的树，有102株。

四、分析说明

鉴定受工厂排放废气污染的梨树为正常栽培生长发育树，已开花结果。受害梨树叶片呈棕色枯死、脱落。叶片坏死，全树光合面积减少，光合产物减少，维持果树正常生长结果的有机营养无法供给，将会导致树体衰弱或树体病残，树体以大毁小等情况发生。即使能存活，将丧失几年水果产量，推迟早果期、丰产期年限，减产减收。

五、鉴定意见

鉴定梨树受污水废气危害的经济损失价值：以株数×单株平均损失产量×果品单价×赔偿年限的方法计算。

1. 1号当事人受害梨树51株，单株平均损失产量5千克，每千克2元，赔偿3年，即51×5×2×3=1530元。受害梨树101株，单株平均损失产量4千克，赔偿2年，即101×4×2×2=1616元。合计：3 146元。

2. 2号当事人受害梨树55株，单株平均损失产量5千克，每千克2元，赔偿3年，即55×5×2×3=1650元。受害梨树102株，单株平均损失产量4千克，赔偿2年，即102×4×2×2=1632元。合计：3 282元。

总计：6 428元。

以上309株受污水废气危害梨树，鉴定经济损失价值金额合计为：人民币陆仟肆佰贰拾捌圆整。

附件：1.现场鉴定受污水废气危害梨树照片
　　　2.价格评估资格证书（略）
　　　3.司法鉴定人执业证（略）
　　　4.司法鉴定许可证（略）

司法鉴定人：（略）
司法鉴定人：（略）
司法鉴定人：（略）

司法鉴定机构：

某果树司法鉴定所
二〇〇七年六月五日

案例44附图

图44-1　鉴定当事人受排放污水废气危害梨树叶片变色干枯死亡状

图44-2　鉴定当事人受工厂排放污水废气危害梨树整树叶片情况

图44-3　鉴定当事人受工厂排放污水废气危害全园梨树叶片情况

案例45

某果树司法鉴定所关于设施栽培樱桃树死亡是否与相邻建高铁施工水泥粉尘污染有因果关系的鉴定

某果司鉴所〔2010〕果鉴字第×号

一、基本情况

委托单位：辽宁省某市中级人民法院

委托鉴定事项：某局集团桥梁有限公司在施工中产生的粉尘及燃煤废气是否导致相邻原告大棚内樱桃树死亡（死亡原因）进行司法鉴定

受理日期：2010年10月18日

鉴定材料：司法鉴定委托书，提供相关材料，施工现场产生的粉尘及燃煤废气污染物；原告大棚中死亡、残活的樱桃树等

鉴定日期：2010年10月19日，2010年11月3日

鉴定地点：被告在施工中产生粉尘、燃煤废气污染现场；原告受污染的大棚、大棚内栽培的樱桃树地块

在场人员：鉴定委托方办案法官代表人，原告当事人，被告代表人等

二、检案摘要

原告诉被告，因在施工中产生粉尘及燃煤废气污染大棚樱桃树生产，导致大棚栽培樱桃树衰弱死亡，产生经济损失纠纷一案。

三、检验过程

果树司法鉴定人，2次出委托鉴定受施工企业粉尘、燃煤废气污染的大棚樱桃树现场，在现场根据委托鉴定事项全面认真进行鉴定调查工作。

1.鉴定调查大棚内樱桃树死亡情况。在大棚内采取随机选树鉴定调查的方法，大棚内樱桃树表现有死有活，表现死亡和生长异常树较多。对棚内10年生樱桃树地上部采取枝干"剪截法"，地下部采取根系"检验法"调查。

2.在大棚内取样检测。取活树上受粉尘、废气污染的叶片；取地表施用的牛粪；分层采集根层土壤：0～20厘米、20～40厘米、40～60厘米、60厘米以下土壤。

3.取大棚外施工中产生的粉尘、废气污染物。

4.全面调查大棚内、外栽培大樱桃树所处的立地条件、栽培管理条件；全棚大樱桃树的生长状态和衰弱死亡表现的症状、情况。

5.鉴定参考事前相关鉴定机构对被告粉尘、废气污染原告大棚薄膜透光度的检测报告。

四、检验结果

1.检验棚内大樱桃树叶片粉尘污染物。检验20片叶，扫尘前叶重40.719克，扫尘后叶重40.281克，叶片粉尘污染物重0.438克。

2.检验大棚内土壤。 棚土地面至60厘米耕层土壤，pH均在6.61～7.15；土壤含水量按0～20厘米、20～40厘米、40～60厘米、60厘米以下分层，土壤含水量分别是9.69%、10.67%、12.37%、11.12%。土壤0.9米处未见地下水。大棚内0.5米左右的土层为外运铺垫的矿渣土，以下为原土，0.5～0.9米的深层土壤板结，坚硬，通透性很差。

3.检验施工产生的粉尘、废气污染物。粉尘、废气污染物中的钙含量为2.14%，镁含量为0.65%，含量均较高。

4.调查原告在大棚外露地栽培的大、小樱桃树均表现存活，没有发生死树现象。

5.相关鉴定机构检测。受粉尘、废气污染的大棚薄膜透光度45%左右，清除粉尘物透光度69%左右，透光度相差24%。一般大棚新薄膜透光度84%左右。

五、分析说明

大樱桃树适于栽培在土壤结构良好，活土层深厚，一般为厚度在1米以上的沙壤土或壤土，pH 6.0～7.5。

大樱桃树喜光。叶片上降尘影响光合作用、呼吸作用、蒸腾作用。光照不足时，叶片生长发育受阻，叶片面积小，叶绿素含量降低，叶片光合作用降低，光合产物减少，叶片干重下降，树体生长衰弱，花芽分化不良，坐果减少。光照不足，还会明显抑制根系生长，导致根系生长不良。光照严重不足时，光合作用微弱，光合产物极少，造成树体营养严重失调，树体营养长期缺乏、失调，导致树势严重衰弱，甚至死亡。

大樱桃树喜水。对水分状况十分敏感，生长阶段要求较高的空气湿度，达到土壤含水量占田间持水量60%～80%的状态，低于60%时要灌水，才能发育良好。

大樱桃树根系好氧，对土壤通气情况要求甚高。樱桃树根系浅，不抗旱、不抗涝，生长季淹水2天就会大片死亡。土壤含水量在10%左右时，树叶就开始萎蔫，地上部停止生长，树体出现早衰。长期干旱会导致死亡。樱桃树适应能力差，对土壤盐碱反应敏感。

大樱桃树不抗大气污染，生长环境要求空气清洁。大气中的粉尘、烟尘等有害污染物及有害气体，均可以对其生长发育构成不同程度的威胁。

六、鉴定意见

1.粉尘、废气污染物是导致大棚樱桃树死亡的外在原因。被告在施工中产生的粉尘、废气，污染物降落在原告大棚薄膜上，降落在揭膜后的樱桃树叶片上、树体上，严重影响大棚薄膜正常透光度，严重影响樱桃树叶片的正常光合作用。在棚膜和叶片的双重长期粉尘、废气污染条件下，樱桃树光照条件长期处于不足、恶化，是导致大棚大樱桃树死亡、早衰的外在原因。

2.土壤条件较差及管理不善是大棚樱桃树死亡、早衰的内在原因。原告栽植大樱桃树地块为河滩地，土壤沙性大，表土为后铺垫的矿渣土，垫土以下原土层板结，土壤保水性、渗水性、通气性均差，很不利大樱桃树的根系生长；在大樱桃树的管理上，在大棚膜的管理上，均存在不及时、不到位的问题，是大棚大樱桃树早衰，死亡的内在原因。

附件：1.现场鉴定受污染设施栽培大樱桃树照片

2.价格评估资格证书（略）

3.司法鉴定人执业证（略）

4.司法鉴定许可证（略）

司法鉴定人：（略）

司法鉴定人：（略）

司法鉴定人：（略）

司法鉴定人：（略）

司法鉴定人：（略）

司法鉴定机构：

某果树司法鉴定所

二〇一〇年十一月六日

案例45附图

图45-1　原告设施栽培大樱桃树受被告施工水泥粉尘、燃煤废气污染大棚、树体、叶片状况

图45-2　原告设施栽植樱桃树根层以下土壤板结情况。棚外露地樱桃树成活状况

案例46

某果树司法鉴定所关于葡萄扦插育苗受修公路水泥扬尘危害损失的鉴定

某果司鉴所〔2014〕果鉴字第×号

一、基本情况

委托单位：辽宁省北镇市某镇人民政府

委托鉴定事项：对102国道刘岗子桥西100米北侧地块，5户葡萄扦插育苗受公路施工水泥扬尘污染危害损失的鉴定

受理日期：2014年5月9日

鉴定材料：司法鉴定委托书，司法鉴定协议书，提供鉴定相关材料，现场地块上葡萄扦插拐子苗等

鉴定日期：2014年5月10日，2014年6月9日

鉴定地点：102国道间阳路段路北，5户葡萄扦插育苗受公路施工水泥扬尘污染地块

在场人员：鉴定委托方和公路施工方代表人，5户当事人等

二、检案摘要

因102国道间阳路段维修，将水泥倒在路面上与沙石料混拌施工，突遇大风天气造成水泥扬尘，对路北地块5户葡萄扦插育苗生产造成污染危害，产生经济损失纠纷一案。

三、检验过程

果树司法鉴定人，根据鉴定需要，分3次出委托鉴定水泥扬尘地块现场，对5户受水泥扬尘造成葡萄扦插育苗危害情况认真全面开展勘验、检测、检验、观察、调查、记录、拍照等工作。同时调查了解与鉴定有关的情况。

1.贝达葡萄扦插育苗面积21.54亩，其中危害重的地块9.05亩，危害轻的地块面积12.49亩。每平方米扦插育苗平均为23株，亩栽15 318株；巨峰葡萄扦插育苗面积23.2亩，其中危害重的地块面积14.68亩，危害轻的地块面积8.55亩，每平方米扦插苗平均为36株，亩栽23 976株。

2.鉴定现场采取随机选择的调查方法，贝达葡萄育苗危害重的地块（南头）每平方米平均死亡5.9株，二类活苗3株，一类活苗14.1株；危害轻的地块（北头）每平方米平均死亡2.2株，二类活苗1.2株，一类活苗19.6株；巨峰葡萄育苗危害重的地块（南头）每平方米平均死亡6.4株，二类活苗12.1株，一类活苗17.5株，危害轻的地块每平方米平均死亡5.5株，二类活苗7.9株，一类活苗22.6株。

四、分析说明

葡萄拐子扦插育苗存在成活率高低的问题。葡萄拐子完全成熟，质量达到合格，芽眼饱满，剪截、浸水、生根粉蘸根、分级、扦插、覆膜、浇水、打药、管理等如果操作到位，成活率高，反之则低。葡萄扦插育苗要求密度合理，密度太大，通风透光不良，生长发育不良，苗木质量达不到优质合格标准。同时存在不易管理、病虫害易发生等问题。受危害苗木需要增加投入，全面加强管理。

葡萄扦插育苗受道路施工水泥扬尘危害的影响程度，与道路相近的地块重，与道路相远的地块轻。危害重的地块与危害轻的地块对比，葡萄扦插育苗死亡株数和二类苗木株数明显增多，说明污染危害严重。

五、鉴定意见

鉴定葡萄扦插育苗受危害的经济损失价值：以株数×苗木单价的方法计算。

（一）贝达葡萄育苗受害损失

1.贝达葡萄育苗受害重面积9.05亩，每亩死亡2 464.2株，单株平均价格0.5元；每亩二类苗木1 198.8株，单株平均价格0.2元。死亡株数损失：9.05×2464.2×0.5=11150.51元。二类苗木损失：9.05×1198.8×0.2=2169.83元。合计：13 320.34元。

2.贝达葡萄育苗受害轻面积12.49亩，每亩死亡1 465.2株，单株平均价格0.5元；每亩二类苗木799.2株，单株平均价格0.2元。死亡株数损失：12.49×1465.2×0.5=9150.17元。二类苗木损失：12.49×799.2×0.2=1996.4元。合计：11 146.57元。

（二）巨峰葡萄育苗受害损失

1.巨峰葡萄育苗受害重面积14.68亩，每亩死亡4 262.4株，单株平均价格1元；每亩二类苗木8 058.6株，单株平均价格0.3元。死亡株数损失：14.68×4262.4×1=62572.03元。二类苗木损失：14.68×8058.6×0.3=35490.07元。合计：98 062.1元。

2.巨峰葡萄育苗受害轻面积8.55亩，每亩死亡3 663株，单株平均价格1元；每亩二类苗木5 261.4株，单株平均价格0.3元。死亡株数损失：8.55×3663×1=31318.65元。二类苗木损失：8.55×5261.4×0.3=13495.49元。合计：44 814.14元。

总计：167 343.15元。

以上318 608株葡萄扦插育苗受害，鉴定经济损失价值金额合计为：人民币壹拾陆万柒仟叁佰肆拾叁圆壹角伍分。

> 附件：1.现场鉴定葡萄扦插育苗受害照片
> 　　　2.价格评估资格证书（略）
> 　　　3.司法鉴定人执业证（略）
> 　　　4.司法鉴定许可证（略）

司法鉴定人：（略）

司法鉴定人：（略）

司法鉴定人：（略）

司法鉴定机构：

某果树司法鉴定所

二〇一四年六月十四日

案例46附图

图46-1   鉴定公路维修施工水泥扬尘伤害贝达葡萄扦插育苗芽眼情况

图46-2   鉴定公路维修施工水泥扬尘伤害巨峰葡萄扦插育苗芽眼、叶片情况

图46-3   鉴定公路维修施工水泥扬尘伤害贝达葡萄、巨峰葡萄扦插育苗成活率情况

案例47

某果树司法鉴定所关于樱桃树等受风力发电 转头处漏油污染损失的鉴定

某果司鉴所〔2018〕果鉴字第×号

一、基本情况

委托单位：某风力发电有限公司某分公司

委托鉴定事项：对果树受油污染损失价值进行鉴定

受理日期：2018年6月7日

鉴定材料：司法鉴定委托书，果树受油污染调查表，果树污染照片，现场受油污染的果树等

鉴定日期：2018年6月8日

鉴定地点：瓦房店市某乡某村，受油污染的果树地块

在场人员：鉴定委托方代表人，当事人等

二、基本案情

在2018年4月20日，因风力发电公司的风力发电风机转头处故障，漏油导致附近果树遭受油污染损害，造成果树污染损失，产生经济纠纷事件。

三、鉴定过程

果树司法鉴定人，对提供鉴定的果树资料和果树照片认真查看，并出委托鉴定遭受油污染的果树现场。在现场采取随机选树，用尺测量、检验调查，认真对全树的果实、叶片、枝干进行观察、鉴别、记录、拍照等。同时调查了解与鉴定有关的情况等。

四、分析说明

根据提供的果树遭受油污染情况调查表看出，果树受油污染程度不同。大樱桃树受油污染较重。苹果、梨、桃、杏树受油污染较轻。受油污染的果树，不同程度影响当年的水果产量和质量，造成果树当年减产、降质、减收的经济损失。

五、鉴定意见

鉴定果树遭受油污染当年的经济损失价值：以株数×单株平均减产（单株平均降质）×果品单价的方法计算。

受油污染果树有苹果、梨、桃、杏、大樱桃树。根据受污染程度分成5类。

一类污染轻微：果树3 856株，单株平均减产2.5千克，每千克6元。单株平均降质2.5千克，每千克2元。即3856×2.5×6=57840元，3856×2.5×2=19280元。合计：77 120元。

二类污染少量：果树122株，单株平均减产5千克，每千克6元。单株平均降质5千克，每千克2元。即122×5×6=3660元，122×5×2=1220元。合计：4 880元。

三类污染中度：果树2 343株，单株平均减产7.5千克，每千克6元。单株平均降质7.5千克，每千克2元。即2343×7.5×6=105435元，2343×7.5×2=35145元。合计：1405 80元。

四类污染较重：果树227株，单株平均减产10千克，每千克6元。单株平均降质10千克，每千克2元。即227×10×6=13620元，227×10×2=4540元。合计：18 160元。

五类污染严重：大樱桃树1 254株，单株平均减产8千克，每千克40元，单株平均降质7.5千克，每千克20元，即1254×8×40=401280元，1254×7.5×20=188100元。合计：589 380元。

总计：830 120元。

以上7 802株受油污染果树，鉴定经济损失价值金额合计为：人民币捌拾叁万零壹佰贰拾圆整。

附件：1.现场鉴定受油污染果树照片

　　　2.价格评估资格证书（略）

　　　3.司法鉴定人执业证（略）

　　　4.司法鉴定许可证（略）

司法鉴定人：（略）

司法鉴定人：（略）

司法鉴定人：（略）

司法鉴定人：（略）

司法鉴定机构：

某果树司法鉴定所

二〇一八年六月十三日

案例47附图

图47-1 鉴定风力发电转头处漏油污染地面上盛花期的大樱桃等果树

图47-2 鉴定受油污染盛花期大樱桃树的枝干、叶片、花序、开放花朵情况

图47-3 鉴定受油污染大樱桃树坐果率低、果实质量低情况

案例48

某果树司法鉴定所关于果树受工厂生产排放粉尘烟雾污染损失的鉴定

某果司鉴所〔2013〕果鉴字第×号

一、基本情况

委托单位：某律师事务所

委托鉴定事项：对当事人果园因受附近工厂排放粉尘烟雾污染物导致果树减产、死亡经济损失进行鉴定

受理日期：2013年9月20日

鉴定材料：司法鉴定委托书，司法鉴定协议书，果树株数情况表，鉴定现场受粉尘烟雾污染的果树等

鉴定日期：2013年9月21日

鉴定地点：某村当事人受粉尘烟雾污染果树地块

在场人员：委托方代表人，受污染果树当事人

二、检案摘要

当事人果树因长期受到附近工厂生产排放粉尘烟雾污染，造成果树生长、开花、结果异常，水果减产减收，导致部分果树因树体衰弱而死亡，产生经济损失纠纷一案。

三、检验过程

果树司法鉴定人，出委托鉴定受粉尘烟雾污染果树现场，对受粉尘烟雾污染果树区分树种品种，采取随机选树检验、鉴别、观察、采样、记录、拍照等。同时调查了解与鉴定有关的情况。

鉴定受污染苹果树、梨树、桃树、李子树、杏树、枣树，树形3主枝分层形，树体完整，枝量齐全，树势稳定，生长结果正常，管理基本到位。葡萄树独龙蔓栽培，品种以巨峰为主，栽培密度较大，通风透光不良，长势偏弱，结果能力较低。

(一)调查受污染果树情况

1.梨树140株，品种为锦丰梨、爱宕梨，10～17年生，树高4.5米，冠径4米×4米，单株平均减产17千克。90株，锦丰梨、南果梨，4～9年生，树高3米，冠径2.0米×2.5米，单株平均减产8千克。

2.桃树162株，品种为水蜜桃，9～13年生，树高2米，冠径3.5米×2.5米，单株平均减产18千克。

3.杏树24株，品种为红袍杏，9～13年生，树高4.5米，冠径3.5米×4.0米，单单株平均减产18千克。

4.李子树67株，品种为盖大李子，9～13年生，树高3.5米，冠径3.3米×4.0米，单株平均减产18千克。

5.苹果树118株，品种为国光、金冠、富士，10～17年生，树高4米，冠径3.0米×4.0米，单株平均减产17千克。品种为国光、金冠，4～5年生苹果树75株，树高2.8米，冠径2.0米×2.3米，单株平均减产3千克。

6.枣树133株，品种为大平顶，5～7年生，树高3.5米，冠径3.2米×4.1米，单株平均减产15千克。3～4年生91株，品种为大平顶，树高2.8米，冠径2.2米×2.5米，单株平均减产3千克。

7.葡萄树1 130株，品种为巨峰，5～9年生，蔓长3米，单株平均减产3千克。

（二）调查受污染果树死亡情况

1.梨树死亡22株，10～17年生，单株平均损失产量17千克。
2.苹果树死亡2株，10～17年生，单株平均损失产量17千克。
3.葡萄树死亡680株，5～9年生，单株平均损失产量3千克。

四、分析说明

飘尘能降低光照强度和光照时间，降低光的质量。飘尘散落果树叶面上能阻塞气孔，妨碍光合及呼吸作用的进行。污染的空气能导致病害发生，使土壤酸、碱化，农药变质或失效，破坏果树生长，减产、降质损失。污染严重造成果树绝产绝收，直至果树衰弱死亡。

当事人果园的果树由于常年长期受到来自邻近工厂生产排放的大量粉尘、烟尘污染物污染，造成全园果树不能正常萌芽、抽枝、展叶、成花、开花、授粉、坐果、结果，减产损失严重。造成果树叶片、果实、树体病害严重发生，叶片早期脱落，导致树体早衰或死亡。2013年造成全园果树严重减产，或有产无值，果树经营者受到巨大经济损失。如果继续遭受污染，全园果树将失去应有结果能力和栽培经济价值。

五、鉴定意见

（一）鉴定受污染果树当年的经济损失价值

以株数×单株平均损失产量×果品单价的方法计算。

梨树，140株单株平均损失产量17千克，每千克5元，即140×17×5=11900元；90株单株平均损失产量8千克，每千克5元，即90×8×5=3600元。

162株桃树，单株平均损失产量18千克，每千克5元，即162×18×5=14580元。

24株杏树，单株平均损失产量18千克，每千克5元，即24×18×5=2160元。

67株李子树，单株平均损失产量18千克，每千克5元，即67×18×5=6030元。

苹果树，118株单株平均损失产量17千克，每千克5元，即118×17×5=10030元。75株单株平均损失产量3千克，每千克5元，即75×3×5=1125元。

133株枣树，单株平均损失产量15千克，每千克8元，即133×15×8=15960元。91株枣树，单株平均损失产量3千克，每千克8元，即91×3×8=2184元。

1 130株葡萄树，单株平均损失产量3千克，每千克5元，即1130×3×5=16950元。

合计：84 519元。

（二）鉴定受污染果树死亡的经济损失价值

以株数×单株平均损失产量×果品单价×赔偿年限的方法计算。

22株梨树，单株平均损失产量17千克，每千克5元，赔偿5年，即22×17×5×5=9350元。

2株苹果树，单株平均损失产量17千克，每千克5元，赔偿5年，即2×17×5×5=850元。

680株葡萄树，单株平均损失产量3千克，每千克5元，赔偿3年，即680×3×5×3=30600元。

总计：125 319元。

以上2 734株受粉尘烟雾污染果树，鉴定经济损失价值金额合计为：人民币壹拾贰万伍仟叁佰壹拾玖圆整。

附件：1.现场鉴定受粉尘烟雾污染果树照片

2.价格评估资格证书（略）

3.司法鉴定人执业证（略）

4.司法鉴定许可证（略）

司法鉴定人：（略）

司法鉴定人：（略）

司法鉴定人：（略）

司法鉴定人：（略）

司法鉴定人：（略）

司法鉴定机构：

某果树司法鉴定所

二〇一三年九月二十四日

案例48附图

图48-1　果园相邻某企业生产排放粉尘污染物状况

图48-2　鉴定葡萄树的叶片、果实受粉尘污染
状况

图48-3　鉴定梨树的叶片、果实受粉尘污染
状况

案例49

某果树司法鉴定所关于果树受水泥厂生产水泥粉尘污染损失的鉴定

某果司鉴所〔2015〕果鉴字第×号

一、基本情况

委托单位：辽宁省某市人民法院

委托鉴定事项：对水泥厂生产产生的粉尘烟尘污染导致部分果树死亡和部分果树减产损失进行鉴定

受理日期：2015年5月6日

鉴定材料：司法鉴定委托书，司法鉴定协议书，鉴定相关材料，现场受污染损害果树等

鉴定日期：2015年5月29日，2015年8月18日

鉴定地点：某村原告经营果园地块

在场人员：鉴定委托方办案法官代表人，原告人，被告代表人等

二、检案摘要

原告在20多年前，承包土地建园栽培果树，实现果树规模化生产。2011年被告在距果园约300米的地方建设水泥厂，烧制水泥过程中产生大量烟雾、粉尘，造成原告全园果树不同程度的污染。水泥厂建成生产以来，产生的污染影响，几年间造成部分果树生长、结果异常、大量减产、降质的损失，导致部分果树树势严重衰弱，枯枝，死树。产生果树污染危害损失纠纷一案。

三、检验过程

果树司法鉴定人，2次出委托鉴定果树地块现场，对委托鉴定果树事项认真展开全面鉴定调查工作。鉴定调查采取随机定树，检验、鉴别、检测、观察、记录、拍照、取样等项工作。同时调查了解与鉴定有关的情况。

鉴定果树树形为3主枝半圆形、主干分层形，树体完整，枝量齐全，生长结果较正常。由于近些年来的污染影响，果树目前管理较粗放。

（一）鉴定调查受烟尘污染果树的树种、株数、死残株数情况

原告全园栽培果树3 600株。其中富士等苹果树600株，活树276株，残活树324株；京白梨树200株，活树127株，残活树73株；九宝桃树150株，活树55株，残活树95株；银白杏树200株，活树170株，残活树30株；李子树50株，活树30株，残活树20株；枣树

2 400株，活树1 983株，残活树417株。苹果树、梨树、杏树15～30年生；桃树、李子树、枣树10～25年生。

（二）鉴定调查受烟尘污染果树的现状情况

受烟尘污染的苹果树、梨树、杏树、桃树、李子树、枣树，在树体枝干上、叶片上、果实上，均有灰白色粉尘污染物存在。

（三）鉴定调查受烟尘污染果树的产量损失情况

600株苹果树，活树单株平均减产8千克，残活树单株平均减产15千克；200株梨树，活树单株平均减产8千克，残活树单株平均减产15千克；200株杏树，活树单株平均减产8千克，残活树单株平均减产15千克；150株桃树，活树单株平均减产8千克，残活树单株平均减产15千克；50株李子树，活树单株平均减产8千克，残活树单株平均减产15千克；2 400株枣树，活树单株平均减产3千克，残活树单株平均减产6千克。受粉尘烟尘污染的果实质量普遍降低。

四、分析说明

飘尘能降低光照强度和光照时间，降低光的质量；飘尘散落叶面上能阻塞气孔，妨碍植物的光合作用及呼吸作用；污染的空气能导致果树发生病害；使土壤酸化，或碱化；农药变质。水泥粉尘在雾、细雨和日光作用下，在叶、花、果、枝条上形成一层水泥壳、膜，引起果树枯死。

受粉尘烟尘污染的果树，树体枝干上、叶片上、果实上均有黑灰色粉尘污染物存在。严重影响果树的正常展叶、开花、坐果；影响果树正常花芽形成、果实发育及叶片、枝条的生长；粉尘污染的叶片叶绿素减少，叶片生长小而薄，影响光合作用，光合产物减少，树体营养水平降低，影响当年的产量、质量、效益。长期遭受粉尘污染，造成树体营养不良，不仅产量、质量降低，也导致树体抗性能力降低（抗病、抗冻、抗旱等）。此次果树污染鉴定只是阶段性的。在这种污染条件下，如果继续下去，树势严重衰弱，丧失结果能力，将不断发生死枝、死树现象。

五、鉴定意见

鉴定受粉尘烟尘污染果树的当年经济损失价值：以株数×单株平均减产×果品单价的方法计算。

1.苹果树，324株残活苹果树，因污染单株平均减产15千克，每千克4元，即324×15×4=19440元。276株活苹果树，因污染单株平均减产8千克，每千克4元，即276×8×4=8832元。合计：28 272元。

2.梨树，73株残活梨树，因污染单株平均减产15千克，每千克4元，即73×15×4=4380元。127株活梨树，因污染单株平均减产8千克，每千克4元，即127×8×4=4064元。合计：8 444元。

3.桃树，95株残活桃树，因污染单株平均减产15千克，每千克4元，即95×15×4=5700

元。55株活桃树，因污染单株平均减产8千克，每千克4元，即55×8×4=1760元。合计：7 460元。

4.杏树，30株残活杏树，因污染单株平均减产15千克，每千克4元，即30×15×4=1800元。170株活杏树，因污染单株平均减产8千克，每千克4元，即170×8×4=5440元。合计：7 240元。

5.李子树，20株残活李子树，因污染单株平均减产15千克，每千克4元，即20×15×4=1200元。30株残活李子树，因污染单株平均减产8千克，每千克4元，即30×8×4=960元。合计：2 160元。

6.枣树，417株残活枣树，因污染单株平均减产6千克，每千克4元，即417×6×4=10 008元。1 983株活枣树，因污染单株平均减产3千克，每千克4元，即1983×3×4=23796元。合计：33 804元。

总计：87 380元。

以上3 600株受粉尘烟尘污染危害果树，鉴定经济损失价值金额合计为：人民币捌万柒仟叁佰捌拾圆整。

附件：1.现场鉴定受粉尘污染果树照片
2.价格评估资格证书（略）
3.司法鉴定人执业证（略）
4.司法鉴定许可证（略）

司法鉴定人：（略）
司法鉴定人：（略）
司法鉴定人：（略）
司法鉴定人：（略）

司法鉴定机构：

某果树司法鉴定所
二〇一五年八月二十四日

案例49附图

图49-1　某水泥厂生产水泥粉尘烟雾污染物排放状况

图49-2　水泥厂建在原告果园东南方向

图49-3　鉴定粉尘污染的苹果树叶片、
　　　　花序

第二十章
果树发生火灾造成损失鉴定案例

案例50
某果树司法鉴定所关于设施栽培油桃树发生火灾损失的鉴定

某果司鉴所〔2008〕果鉴字第×号

一、基本情况

委托单位：辽宁省营口市某区人民法院

委托鉴定事项：1.对原告被烧毁的油桃树品种、树龄、结果期、产量损失进行鉴定

2.对原告被烧大棚果树生产附属设施经济损失价值进行鉴定

受理日期：2008年5月9日

鉴定材料：鉴定委托书，案件卷宗材料，起诉状，现场被烧油桃树和设施建筑材料等

鉴定日期：2008年9月10日

鉴定地点：某镇某村，原告被火烧油桃树、大棚坐落地块

在场人员：鉴定委托方办案法官代表人，原告人，被告人等

二、检案摘要

原告诉被告，因被告不慎引起火灾，把原告设施栽培油桃树烧死，整体大棚辅助生产设施烧毁、烧坏，产生经济损失纠纷一案。

三、检验过程

果树司法鉴定人，出委托鉴定被火烧毁设施栽培油桃树现场，在现场全面认真地开展鉴定调查工作。鉴定调查采取随机选树检验、检测、鉴别、观察、记录、拍照。调查被火烧大棚的附属生产设施材料情况等。同时调查了解与鉴定有关的情况。

1.对火烧设施栽培油桃树的品种、树龄、树况、枝量、生长结果、栽培管理、结果能力等进行鉴定调查。

2.对火烧损失大棚油桃生产的附属设施材料进行全面鉴定调查。

四、检验结果

（一）油桃树被火烧情况

原告设施栽培油桃树823株，全部被火烧死。品种为早红2号，3年生，始果期树，单株平均结果能力6千克。栽植株行距0.81米×1.0米，树高1.3～1.5米，冠径0.8米×1.0米，干周8.18厘米，开心形，树体完整，枝量齐全，单株平均分枝58.8个，新梢平均长27.5厘米。生长结果正常，投入和管理水平较高。

（二）大棚附属生产设施被火烧情况

大棚为立柱式拱圆形钢架结构，棚长73米，宽13米，脊高4米，立柱23根和脊上2根横梁均为5厘米钢管，69排圆拱形钢桁架，上弦6分钢管，下弦为12号钢筋，上下弦之间拉筋。大棚塑料190千克，草帘子280块，电机、卷帘机一套，粗细尼龙绳160根，铁线、电线、木杆等。

五、分析说明

鉴定得知，原告设施栽培油桃树为3年生结果期树。发生火灾后，油桃树被烧死，地上、地下整株树表现立杆死亡状，死亡树失去原有的经济价值。附属油桃树生产的全部设施，只见大棚立柱、横梁钢管、圆形钢架存在，其他设施均被烧毁、烧坏，失去原有作用和经济价值。钢管、钢架也因过火，承重能力下降，使用寿命缩短，冬季如遇大雪极易发生塌棚问题。

六、鉴定意见

（一）被火烧死油桃树的经济损失价值

以株数×单株平均损失产量×果品单价×赔偿年限的方法计算。

823株被火烧死油桃树，单株平均损失产量6千克，每千克8元，赔偿3年，即 $823×6×8×3=118512$ 元。

（二）被火烧毁附属生产设施经济损失价值

1. 大棚塑料：190千克，每千克16元，即 $190×16=3040$ 元。
2. 粗细尼龙绳：250千克，每千克16元，即 $250×16=4000$ 元。
3. 草帘子：280块，每千克30元，即 $280×30=8400$ 元。
4. 电机、卷帘机1套：12 500元。
5. 铁线：225千克，每千克6元，即 $225×6=1350$ 元。
6. 电线：200米，每米2元，即 $200×2=400$ 元。
7. 松木杆：160根，每根10元，即 $160×10=1600$ 元。
8. 大棚钢架：69排，每排受损折价150元，即 $69×150=10350$ 元。合计：41 640元。
总计：160 152元。

以上823株被火烧死油桃树和大棚附属设施，鉴定经济损失价值金额合计为：人民币壹拾陆万零壹佰伍拾贰圆整。

附件：1. 现场鉴定被火烧死油桃树和烧毁大棚设施照片
　　　2. 价格评估资格证书（略）
　　　3. 司法鉴定人执业证（略）
　　　4. 司法鉴定许可证（略）

司法鉴定人：（略）

司法鉴定人：（略）

司法鉴定人：（略）

司法鉴定人：（略）

司法鉴定机构：

某果树司法鉴定所
二〇〇八年九月十四日

案例50附图

图50-1　原告设施栽培油桃树在发生火灾之前的状况

图50-2　鉴定原告设施栽培油桃树发生火灾，树烧死、大棚烧毁状况

图50-3　鉴定原告设施栽培油桃树被火烧死、大棚烧毁损失状况

案例51

某果树司法鉴定所关于葡萄树因货车起火燃烧造成损失的鉴定

某果司鉴所〔2015〕果鉴字第×号

一、基本情况

委托单位：辽宁省某市某局交通警察支队

委托鉴定事项：对车辆起火燃烧造成葡萄树损害价值的鉴定

受理日期：2015年5月18日

鉴定材料：司法鉴定委托书，司法鉴定协议书，现场被火烧伤损害的葡萄树等

鉴定日期：2015年5月19日

鉴定地点：某市某镇某村，申请人被火伤害葡萄树地块

在场人员：鉴定委托方代表人，申请人等

二、检案摘要

在公路上正常行驶的小货车，突然窜入沟下起火燃烧，造成申请人沟对岸地块上栽培的葡萄树伤害，产生经济损失纠纷一案。

三、检验过程

果树司法鉴定人，出委托鉴定被火伤害葡萄树地块现场，对受伤害葡萄树认真展开鉴定调查工作。对受害葡萄树的鉴定调查采取随机选树，检验、检测、鉴别、观察、记录、拍照等。同时调查了解与鉴定有关的情况。

（一）鉴定调查被火烧烤葡萄树株数情况

被火烧烤葡萄树223株，品种为巨峰，其中烧死葡萄树102株；不同程度烧伤葡萄树80株（整株）；烧伤棚架架面以下主蔓葡萄树41株。被火烧烤的葡萄树，蔓长4.5米，品种为巨峰，5～6年生，树体完整，枝量齐全，生长健壮，树势稳定，生长结果正常，管理配套，单株平均结果能力7.5千克。

（二）鉴定调查被火烧烤葡萄树表现情况

被火烧烤严重葡萄树，整株枝蔓上的新梢、叶片、果穗全部被烧毁，枝蔓不同程度被烧毁、烧伤，呈"光杆形"症状；被火烧烤较轻葡萄树，架面以下枝蔓段上的新梢、叶片、果穗失绿、黄化、坏死、畸形异常症状。

（三）鉴定调查相邻同样未被火烧烤葡萄树生长发育情况

鉴定调查没有被火烧烤葡萄树，巨峰品种，大垄双行栽植，两面分爬，葡萄树蔓长3.5～4.8米，干周7～10厘米，5～6年生，单株平均结果能力7.5千克。

四、分析说明

失事车辆起火燃烧，造成附近的葡萄树受到火烧、火烤损害。被烧烤严重的葡萄树失去生存能力和经济价值；被烧烤葡萄树表现新梢、叶片、果穗失绿、黄化、坏死、生长异常，葡萄树将失去当年产量；被烧烤葡萄树失去春季萌发的新梢、叶片，将严重削弱树势，造成生长异常，易得病虫害；葡萄树主蔓上有烧伤将会毁蔓。对烧伤树要全面进行修剪清理，对有保留价值葡萄树要加强管理和增加投入。对无保留价值葡萄树要及时清除，适时补植，提高全园葡萄树的整齐度。

五、鉴定意见

鉴定被火烧烤葡萄树的经济损失价值：以株数×单株平均损失产量×果品单价×赔偿年限的方法计算。被火烧伤葡萄树需增加投入管理费。

1. 102株烧死葡萄树，单株平均损失产量7.5千克，每千克5.5元，赔偿2年，即102×7.5×5.5×2=8415元。

2. 80株烧伤葡萄树，单株平均损失产量7.5千克，每千克5.5元，1年，即80×7.5×5.5×1=3300元。

3. 41株部分烧伤葡萄树，单株平均损失产量3.75千克，每千克5.5元，赔偿1年，即41×3.75×5.5×1=845.6元。

4. 121株烧伤葡萄树，每株增加管理费用1.5元，即121×1.5=181.5元。

合计：12 742.1元。

以上223株被火烧烤死亡、烧伤葡萄树，鉴定经济损失价值金额合计为：人民币壹万贰仟柒佰肆拾贰圆壹角。

附件：1.现场鉴定被火烧烤损害葡萄树照片

2.价格评估资格证书（略）

3.司法鉴定人执业证（略）

4.司法鉴定许可证（略）

司法鉴定人：（略）

司法鉴定人：（略）

司法鉴定人：（略）

司法鉴定机构：

某果树司法鉴定所

二〇一五年五月二十四日

案例51附图

图51-1 鉴定申请人葡萄树被行驶小货车起火燃烧损毁状况

图51-2 鉴定申请人葡萄树被小货车起火燃烧，烧死烧伤损失状况

图51-3 鉴定申请人巨峰葡萄树被小货车起火燃烧伤害损失状况

案例52

某果树司法鉴定所关于果树被火烧伤程度及损失的鉴定

某果司鉴所〔2018〕果鉴字第×号

一、基本情况

委托单位：辽宁省某市人民法院

委托鉴定事项：对原告经营的果园，因此次火灾造成果树烧伤程度及损失价值进行评估鉴定

受理日期：2018年3月23日

鉴定材料：司法鉴定委托书，委托鉴定评估拍卖案件移送表，火烧果树株数、果树品种、生长年份等相关材料，现场被火烧烤的果树等

鉴定日期：2018年3月29日

鉴定地点：某市某镇某村，原告果树发生火灾地块

在场人员：鉴定委托方办案法官代表人，原告人等

二、基本案情

因被告上坟烧纸不慎发生火灾，使原告果园的部分果树被火烧伤损害，产生经济损失纠纷一案。

三、鉴定过程

果树司法鉴定人，对委托方提供的相关鉴定材料认真查看，并出被火烧烤果树地块现场，鉴定调查采取随机选树，使用圈尺、卡尺、剪子、手锯、刮刀等工具，进行用手掰撅、目测观察、记录、拍照等项工作。对过火烧烤果树的主干皮层采取刮皮检验、检测的方法调查；对过火烧烤果树的树冠主枝、侧枝、枝组、枝芽，采用掰撅、剪截、刮皮、鉴别的方法调查；对火烧烤的果树树高、冠径、生长发育、结果能力、管理现状等进行检测调查。同时调查了解与鉴定有关的情况。

鉴定火烧果树，树形3主枝半圆形，树体完整，枝量齐全，生长结果正常，果树管理较正常。由于果园坐落在山区的第二高地上，通往果园的道路较窄，并有一定坡度和弯度，运送肥水比较困难，果树因此缺肥少水，树势普遍偏弱。

1.被火烧烤杏树70株，16～28年生，树高3.0～3.5米，冠径3米×4米不等，干周52～67厘米，单株平均结果能力60千克。

2.被火烧烤南果梨树150株，16～20年生，树高3.0～4.5米，冠径3米×4米不等，干周28～49厘米，单株平均结果能力65千克。

3.被火烧烤大花盖梨树6株，50～70年生，树高4～5米，冠径6米×7米不等，干周122～129厘米，单株平均结果能力87.5千克。

4.被火烧烤香水梨树12株，50～60年生，树高3.5～4.5米，冠径5米×6米，干周49～97厘米，单株平均结果能力75千克。

5.被火烧烤南果梨树14株，8年生，树高2.0～2.8米，冠径1.5米×1.2米，单株平均结果能力5千克。

四、分析说明

原告果园被火烧烤伤害果树252株，果树烧烤伤害主要表现在主干和树冠上。果树主干从地面向上0.6米处左右，树干皮层都有不同程度的烧伤症状表现，皮层长度不等，烧伤宽度、深度不同。主干皮层严重烧伤树，干周皮层全周烧伤，深到木质部；中度烧伤树，干周皮层烧伤半周左右，有的深到木质部；半周以下皮层烧伤树，深到木质部或未到木质部。

果树从地面至上2米左右的树冠（主枝、侧枝、枝芽）枝芽，普遍表现有被火烧、火烤干枯死亡症状。主干和树冠枝皮层被火严重烧伤、烧烤，树将会死亡；主干和树冠枝皮层被火中度烧伤树、烧烤，树会死亡或部分残活；主干和树冠枝皮层被火烧伤较轻树，树体枝芽部分残活。残活树原树冠枝芽被烧毁，原有生产能力丧失，无经济价值。残活树树体上都有被火烧、火烤所留下的伤疤、伤害痕迹存在。因此，伤残树树势衰弱，生长异常，抗病虫、抗冻能力下降，这样的树，随时都会发生死枝、死树现象。果树因火烧受伤害，果园因火灾而损毁。

五、鉴定意见

鉴定被火烧伤损害果树的经济损失价值：以株数×单株平均损失产量×果品单价×赔偿年限的方法计算。

1.70株杏树，单株平均损失产量60千克，每千克2元，赔偿5年，即70×60×2×5=42000元。

2.150株南果梨树，单株平均损失产量65千克，每千克3元，赔偿5年，即150×65×3×5=146250元。

3.6株大花盖梨树，单株平均损失产量87.5千克，每千克2.4元，赔偿5年，即6×87.5×2.4×5=6300元。

4.12株香水梨树，单株平均损失产量75千克，每千克2元，赔偿5年，即12×75×2×5=9000元。

5.14株南果梨树，单株平均损失产量5千克，每千克3元，赔偿5年，即14×5×3×5=1050元。

合计：204 600元。

以上252株被火烧烤损害果树，鉴定经济损失价值金额合计为：人民币贰拾万零肆仟陆佰圆整。

附件：1.现场鉴定被火烧烤损害果树照片

2.价格评估资格证书（略）

3.司法鉴定人执业证（略）

4.司法鉴定许可证（略）

司法鉴定人：（略）

司法鉴定人：（略）

司法鉴定人：（略）

司法鉴定人：（略）

司法鉴定人：（略）

司法鉴定机构：

某果树司法鉴定所

二〇一八年四月五日

案例52附图

图52-1　鉴定梨树主干皮层、木质部，被火烧伤、烧毁症状

图52-2　鉴定梨树树干、树冠、枝芽，被火烧伤、烧死症状

第二十一章

征占土地承包期栽植果树
价值鉴定案例

案例53

某果树司法鉴定所关于埋设供水管道征占栽培葡萄树价值的鉴定

某果司鉴所〔2017〕果鉴字第×号

一、基本情况

委托单位：辽宁省某市供水工程建设领导小组办公室

委托鉴定事项：某供水二期工程埋设地下管道施工，对征占栽培葡萄树经济价值进行鉴定

受理日期：2017年5月17日

鉴定材料：司法鉴定委托书，提供每户葡萄树株数、品种、树龄等相关鉴定材料，现场每户地上葡萄树等

鉴定日期：2017年5月18日

鉴定地点：某市某街道4个村，71户栽培的葡萄树地块

在场人员：鉴定委托方代表人，村代表人，施工方代表人，每户当事人等

二、检案摘要

某供水二期工程某市段施工建设，埋设供水管道占地，对71户栽培的葡萄树经济价值鉴定，作为补偿的科学依据。

三、检验过程

果树司法鉴定人，出委托鉴定葡萄树地块现场，对征占每户地上葡萄树认真进行鉴定调查、检测、鉴别、记录、拍照等项工作。同时调查了解与鉴定有关的情况。

鉴定调查征占每户葡萄树的株数、品种、生长年份、蔓长、株行距、树形树势、架式、树体枝量、生长结果能力、配套技术管理等。

四、分析说明

供水工程埋管施工占地，涉及2个镇（街道）4个村71户葡萄种植专业户。鉴定葡萄树均为正常生产树，平耕地建园，露地葡萄生产采用小棚架式，设施葡萄生产采用立架式。葡萄栽培管理较好，优质生产，价格高，收入好。葡萄产业是本地区农村的主导产业，该县葡萄发展是全省重点示范县，葡萄是广大农民增收致富的主要经济来源，目前发展势头良好。

五、鉴定意见

征占的栽培葡萄树的经济价值：结果树以株数 × 单株平均结果能力 × 果品单价 × 补偿年限的方法计算，葡萄树苗以株数 × 株价的方法计算。

（一）X X街道

1号当事人320株，品种为巨峰，蔓长3.7米，6～10年生，单株平均结果能力6.5千克，每千克5元，补偿3年，即320×6.5×5×3=31200元。

2号当事人1 208株，品种为巨峰，蔓长3.7米，10年生，单株平均结果能力6.5千克，每千克5元，补偿3年，即1208×6.5×5×3=117780元。

3号当事人319株，品种为巨峰，蔓长3.7米，7～12年生，单株平均结果能力6.5千克，每千克5元，补偿3年，即319×6.5×5×3=31102.5元。

4号当事人616株，品种为巨峰，蔓长3.7米，10年生，单株平均结果能力6.5千克，每千克5元，补偿3年，即616×6.5×5×3=60060元。

5号当事人共300株，品种为巨峰，其中，138株蔓长3.7米，5年生，单株平均结果能力6.5千克，每千克5元，补偿3年，即138×6.5×5×3=13455元。162株蔓长2.2米，3～4年生，单株平均结果能力4.5千克，每千克5元，补偿3年，即162×4.5×5×3=10935元。合计：24 390元。

6号当事人189株，品种为巨峰，蔓长3.7米，10年生，单株平均结果能力6.5千克，每千克5元，补偿3年，即189×6.5×5×3=18427.5元。

7号当事人115株，品种为巨峰，蔓长3.7米，11年生，单株平均结果能力6.5千克，每千克5元，补偿3年，即115×6.5×5×3=11212.5元。

8号当事人240株，品种为巨峰，蔓长3.7米，11年生，单株平均结果能力6.5千克，每千克5元，补偿3年，即240×6.5×5×3=23400元。

9号当事人239株，品种为巨峰，蔓长3.7米，10年生，单株平均结果能力6.5千克，每千克5元，补偿3年，即239×6.5×5×3=23302.5元。

10号当事人294株，品种为巨峰，蔓长3.7米，6～10年生，单株平均结果能力6.5千克，每千克5元，补偿3年，即294×6.5×5×3=28665元。

11号当事人263株，品种为巨峰，蔓长3.7米，11年生，单株平均结果能力6.5千克，每千克5元，补偿3年，即263×6.5×5×3=25642.5元。

12号当事人103株，品种为巨峰，蔓长3.7米，11年生，单株平均结果能力6.5千克，每千克5元，补偿3年，即103×6.5×5×3=10042.5元。

13号当事人386株，品种为巨峰，蔓长3.7米，8年生，单株平均结果能力6.5千克，每千克5元，补偿3年，即386×6.5×5×3=37635元。

14号当事人285株，品种为巨峰，蔓长3.7米，10年生，单株平均结果能力6.5千克，每千克5元，补偿3年，即285×6.5×5×3=27787.5元。

15号当事人284株，品种为巨峰，蔓长3.7米，10～11年生，单株平均结果能力6.5千克，每千克5元，补偿3年，即284×6.5×5×3=27690元。

16号当事人311株，品种为巨峰，蔓长3.7米，9～11年生，单株平均结果能力6.5千克，每千克5元，补偿3年，即311×6.5×5×3=30322.5元。

17号当事人513株，品种为巨峰，蔓长3.7米，9～11年生，单株平均结果能力6.5千克，每千克5元，补偿3年，即513×6.5×5×3=50017.5元。

18号当事人188株，品种为巨峰，蔓长3.7米，10～12年生，单株平均结果能力6.5千克，每千克5元，补偿3年，即188×6.5×5×3=18330元。

19号当事人208株，品种为巨峰，蔓长3.7米，11～12年生，单株平均结果能力6.5千克，每千克5元，补偿3年，即208×6.5×5×3=20280元。

20号当事人208株，品种为巨峰，蔓长3.7米，10年生，单株平均结果能力6.5千克，每千克5元，补偿3年，即208×6.5×5×3=20280元。

21号当事人200株，品种为巨峰，蔓长3.7米，10年生，单株平均结果能力6.5千克，每千克5元，补偿3年，即200×6.5×5×3=19500元。

22号当事人473株，品种为巨峰，蔓长3.7米，9年生，单株平均结果能力6.5千克，每千克5元，补偿3年，即473×6.5×5×3=46117.5元。

23号当事人181株，品种为巨峰，蔓长3.7米，11年生，单株平均结果能力6.5千克，每千克5元，补偿3年，即181×6.5×5×3=17647.5元。

24号当事人398株，品种为品种为巨峰，蔓长3.7米，10年生，单株平均结果能力6.5千克，每千克5元，补偿3年，即398×6.5×5×3=38805元。

25号当事人668株，品种为巨峰，蔓长3.7米，11年生，单株平均结果能力6.5千克，每千克5元，补偿3年，即668×6.5×5×3=65130元。

26号当事人663株，品种为巨峰，蔓长3.7米，10～11年生，单株平均结果能力6.5千克，每千克5元，补偿3年，即663×6.5×5×3=64642.5元。

27号当事人595株，品种为巨峰，蔓长3.7米，12年生，单株平均结果能力6.5千克，每千克5元，补偿3年，即595×6.5×5×3=58012.5元。

28号当事人共1 396株，品种为140，其中，1 190株，设施栽培，蔓长2.2米，6年生，单株平均结果能力4.5千克，每千克8元，补偿3年，即1190×4.5×8×3=128520元；206株蔓长1.5米，2～3年生，株价35元，即206×35=7210元。合计：135 730元。

29号当事人610株品种为巨峰，蔓长3.7米，7～10年生，单株平均结果能力6.5千克，每千克5元，补偿3年，即610×6.5×5×3=59475元。

30号当事人135株，品种为贝达，2年生，株价2元，即135×2=270元。

31号当事人232株，品种为巨峰，蔓长2.2米，3～4年生，单株平均结果能力4.5千克，每千克5元，补偿3年，即232×4.5×5×3=15660元。

32号当事人219株，品种为巨峰，蔓长2.7米，6年生，单株平均结果能力5.5千克，每千克5元，补偿3年，即219×5.5×5×3=18067.5元。

33号当事人176株，品种为巨峰，蔓长2.7米，6年生，单株平均结果能力5.5千克，每千克5元，补偿3年，即176×5.5×5×3=14520元。

34号当事人37株，品种为巨峰，蔓长2.2米，3～4年生，单株平均结果能力4.5千克，每千克5元，补偿3年，即37×4.5×5×3=2497.5元。

35号当事人503株，品种为巨峰，蔓长1.6米，2～3年生，株价35元，即503×35=17605元。

36号当事人595株，品种为巨峰，蔓长1.6米，2～3年生，株价35元，即595×35=20825元。

37号当事人306株，品种为巨峰，蔓长1.6米，2～3年生，株价35元，即306×35=10710元。

38号当事人共882株，品种为巨峰，其中，596株，蔓长3.7米，8年生，单株平均结果能力6.5千克，每千克5元，补偿3年，即596×6.5×5×3=58110元；286株蔓长2.2米，4年生，单株平均结果能力4.5千克，每千克5元，补偿3年，即286×4.5×5×3=19305元。合计：77 415元。

39号当事人467株，品种为巨峰，蔓长3.7米，9年生，单株平均结果能力6.5千克，每千克5元，补偿3年，即467×6.5×5×3=45532.5元。

40号当事人464株，品种为巨峰，蔓长3.7米，10年生，单株平均结果能力6.5千克，每千克5元，补偿3年，即464×6.5×5×3=45240元。

41号当事人469株，设施栽培，品种为辽峰，蔓长2米，5年生，单株平均结果能力4.5千克，每千克20元，补偿3年，即469×4.5×20×3=126630元。棚内行间辽峰拐子扦插育苗12 000株，株价1元，即12000×1=12000元。合计：138 630元。

42号当事人687株，品种为巨峰，蔓长3.7米，10年生，单株平均结果能力6.5千克，每千克5元，补偿3年，即687×6.5×5×3=66982.5元。

43号当事人656株，品种为巨峰，蔓长1.6米，2～3年生，株价35元，即656×35=22960元。

44号当事人514株，品种为巨峰，蔓长1.6米，2～3年生，株价35元，即514×35=17990元。

以上44户葡萄树经济价值金额合计为：1 657 532.5元。

（二）某镇

45号当事人900株，品种为巨峰，蔓长3.7米，4年生，单株平均结果能力6.5千克，每千克5元，补偿3年，即900×6.5×5×3=87750元。

46号当事人645株，品种为巨峰，蔓长3.7米，4～9年生，单株平均结果能力6.5千克，每千克5元，补偿3年，即645×6.5×5×3=62887.5元。

47号当事人共264株，品种为巨峰，其中，152株，蔓长3.7米，10年生，单株平均结果能力6.5千克，每千克5元，补偿3年，即152×6.5×5×3=14820元；112株、蔓长2.7米，4年生，单株平均结果能力5.5千克，每千克5元，补偿3年，即112×5.5×5×3=9240元。合计：24 060元。

48号当事人1467株，品种为辽峰，蔓长3.7米，5～6年生，单株平均结果能力6.5千克，每千克8元，补偿3年，即1 467×6.5×8×3=228852元。

49号当事人98株，品种为巨峰，蔓长2.2米，4年生，单株平均结果能力4.5千克，每千克5元，补偿3年，即98×4.5×5×3=6615元。

50号当事人236株，品种为巨峰，蔓长3.7米，11年生，单株平均结果能力6.5千克，每千克5元，补偿3年，即236×6.5×5×3=23010元。

51号当事人97株，品种为巨峰，蔓长3.7米，5～6年生，单株平均结果能力6.5千克，每千克5元，补偿3年，即97×6.5×5×3=9457.5元。

52号当事人92株，品种为巨峰，蔓长3.7米，5～6年生，单株平均结果能力6.5千克，每千克5元，补偿3年，即92×6.5×5×3=8970元。

53号当事人90株，品种为巨峰，蔓长3.7米，7～8年生，单株平均结果能力6.5千克，每千克5元，补偿3年，即90×6.5×5×3=8775元。

54号当事人86株，品种为巨峰，蔓长3.7米，5～6年生，单株平均结果能力6.5千克，每千克5元，补偿3年，即86×6.5×5×3=8385元。

55号当事人1230株，品种为巨峰，蔓长3.7米，7～10年生，单株平均结果能力6.5千克，每千克5元，补偿3年，即1230×6.5×5×3=119925元。

56号当事人共339株，品种为巨峰，其中，261株蔓长1.6米，2～3年生，株价35元，即261×35=9135元；78株蔓长3.7米，10～11年生，单株平均结果能力6.5千克，每千克5元，补偿3年，即78×6.5×5×3=7605元。合计：16 740元。

57号当事人共1 411株，品种为巨峰，其中，1 123株蔓长3.7米，6年生，单株平均结果能力6.5千克，每千克5元，补偿3年，即1 123×6.5×5×3=109492.5元；288株，蔓长2.2米，3～4年生，单株平均结果能力4.5千克，每千克5元，补偿3年，即288×4.5×5×3=19440元。合计：128 932.5元

58号当事人368株，品种为巨峰，蔓长2.7米，3～5年生，单株平均结果能力5.5千克，每千克5元，补偿3年，即368×5.5×5×3=30360元。

59号当事人130株，品种为巨峰，蔓长3.7米，10～11年生，单株平均结果能力6.5千克，每千克5元，补偿3年，即130×6.5×5×3=12675元。

60号当事人67株，品种为巨峰，蔓长2.7米，6～7年生，单株平均结果能力5.5千克，每千克5元，补偿3年，即67×5.5×5×3=5527.5元。

61号当事人84株，品种为巨峰，蔓长2.2米，3～4年生，单株平均结果能力4.5千克，每千克5元，补偿3年，即84×4.5×5×3=5670元。

62号当事人124株，品种为巨峰，蔓长1.6米，2～3年生，株价35元，即124×35=4340元。

63号当事人124株，品种为巨峰，蔓长3.7米，6～7年生，单株平均结果能力6.5千克，每千克5元，补偿3年，即124×6.5×5×3=12090元。

64号当事人164株，品种为巨峰，蔓长1.6米，2～3年生，株价35元，即164×35=5740元。

65号当事人190株，品种为巨峰，蔓长1.6米，2～3年生，株价35元，即190×35=6650元。

66号当事人294株，品种为辽峰，蔓长3.7米，7～8年生，单株平均结果能力6.5千克，每千克8元，补偿3年，即294×6.5×8×3=45864元。

67号当事人84株，品种为巨峰，蔓长3.7米，4～5年生，单株平均结果能力6.5千克，

每千克5元，补偿3年，即84×6.5×5×3=8190元。

68号当事人357株，品种为巨峰，蔓长3.7米，10～11年生，单株平均结果能力6.5千克，每千克5元，补偿3年，即357×6.5×5×3=34807.5元。

69号当事人共405株，品种为巨峰，其中，395株蔓长3.7米，6～7年生，单株平均结果能力6.5千克，每千克5元，补偿3年，即395×6.5×5×3=38512.5元。10株2～3年生，株价35元，即10×35=350元。合计：38 862.5元。

70号当事人372株，品种为巨峰，蔓长3.7米，5年生，单株平均结果能力6.5千克，每千克5元，补偿3年，即372×6.5×5×3=36270元。

71号当事人3 921株，品种为巨峰，蔓长3.7米，6～9年生，单株平均结果能力6.5千克，每千克5元，补偿3年，即3 921×6.5×5×3=382297.5元。

以上27户葡萄树经济价值金额合计为：1 363 703.5元。

71户总合计：3 021 236元。

以上征占71户栽培43 754株葡萄树，鉴定经济价值金额合计为：人民币叁佰零贰万壹仟贰佰叁拾陆圆整。

附件：1.现场鉴定征占葡萄树照片
　　　2.价格评估资格证书（略）
　　　3.司法鉴定人执业证（略）
　　　4.司法鉴定许可证（略）

司法鉴定人：（略）
司法鉴定人：（略）
司法鉴定人：（略）
司法鉴定人：（略）
司法鉴定人：（略）
司法鉴定人：（略）
司法鉴定人：（略）

司法鉴定机构：

某果树司法鉴定所
二〇一七年五月二十四日

案例53附图

图53-1　鉴定征占当事人巨峰葡萄树

图53-2　鉴定征占当事人设施栽培辽峰
　　　　葡萄树

图53-3　鉴定征占当事人巨峰葡萄果实

案例54

某果树司法鉴定所关于埋设管道征占设施栽培葡萄树、油桃树价值的鉴定

某果司鉴所〔2012〕果鉴字第×号

一、基本情况

委托单位：辽宁省锦州市某区某乡人民政府

委托鉴定事项：因铺设管道，对征占2户地上果树价值进行鉴定

受理日期：2012年8月29日

鉴定材料：司法鉴定委托书，设施栽培葡萄树、油桃树等

鉴定日期：2012年8月30日

鉴定地点：2户设施栽培葡萄树、油桃树地块

在场人员：鉴定委托方、施工方代表人，2户当事人等

二、检案摘要

因铺设地下管道占地，对征占的栽培果树给予补偿，委托对果树进行鉴定，作为果树补偿的科学依据。

三、检验过程

果树司法鉴定人，出委托鉴定果树现场，对每户设施栽培果树现状和生产情况认真展开鉴定调查工作。调查采取随机选树，检验、检测、鉴别、记录、拍照的方法。同时调查了解与鉴定有关的情况。

1号当事人设施栽培葡萄树1 100株，品种为巨峰，3年生，株行距0.2米×0.8米不等，树高2.0～2.5米，单株平均结果能力1.5千克。

2号当事人设施栽培油桃树55株，品种为油桃－7，3年生，株行距1.0米×1.5米不等，树高1.5米，单株平均结果能力7千克；栽培葡萄树670株，品种为康贝尔，4～5年生，株行距0.35米×4.0米不等，树高2.0～2.5米，单株平均结果能力5千克。

四、分析说明

果树是木本经济作物，属于高效农业。通过设施栽培进行葡萄、油桃生产，是反季节栽培，早春开始升温生产，果树萌芽早，开花结果早，果实成熟早，上市时间早，油桃一般在4月初至5月上旬上市，葡萄上市时间一般在6—7月，市场价位高，果农增收空间大，效益十分可观，是目前果业发展的方向。鉴定2户设施栽培油桃和葡萄结论：由于缺少技

术，栽培管理水平一般。

五、鉴定意见

鉴定征占设施栽培果树的经济价值：以株数×单株平均结果能力×果品单价×补偿年限的方法计算。

1号当事人1 100株设施栽培葡萄树，单株平均结果能力1.5千克，每千克14元，补偿3年，即1 100×1.5×14×3=69300元。

2号当事人55株设施栽培油桃树，单株平均结果能力7千克，每千克16元，补偿3年，即55×7×16×3=18480元。670株设施栽培葡萄树，单株平均结果能力5千克，每千克6元，补偿3年，即670×5×6×3=60300元。合计：78 780元。

总计：148 080元。

以上征占1 825株设施栽培油桃树、葡萄树，鉴定经济价值金额合计为：人民币壹拾肆万捌仟零捌拾圆整。

附件：1.现场鉴定征占设施栽培油桃树、葡萄树照片

2.价格评估资格证书（略）

3.司法鉴定人执业证（略）

4.司法鉴定许可证（略）

司法鉴定人：（略）

司法鉴定人：（略）

司法鉴定人：（略）

司法鉴定机构：

某果树司法鉴定所

二〇一二年九月三日

案例54附图

图54-1　鉴定设施栽培3年生葡萄树

图54-2　鉴定设施栽培3年生油桃树

案例55

某果树司法鉴定所关于水库建设征占设施栽培杏树价值的鉴定

某果司鉴所〔2012〕果鉴字第×号

一、基本情况

委托单位：辽宁省锦州市某区移民工作局

委托鉴定事项：对征占当事人设施栽培杏树经济价值进行鉴定

受理日期：2012年5月24日

鉴定材料：司法鉴定委托书，征占当事人设施栽培杏树地块

鉴定日期：2012年5月25日

鉴定地点：某村，征占当事人设施栽培杏树地块

在场人员：鉴定委托方代表人，村代表人，当事人等

二、检案摘要

因水库建设占地，对征占设施栽培杏树的经济价值进行鉴定评估，为动迁补偿提供依据。

三、检验过程

果树司法鉴定人，出委托鉴定动迁户设施栽培杏树地块现场，在现场认真全面开展鉴定调查工作。在设施内采取随机选树鉴定调查的方法，对杏树的株数、品种、生长年份、栽植株行距、整形修剪、树高、冠径、枝量、生长、开花、结果、树体树势、通风透光、管理等项调查，并记录、拍照。同时调查了解与鉴定有关的情况。

调查结果：设施栽培杏树118株，主干形，树体完整，枝量齐全，生长结果正常。栽植金太阳新和凯特新品种，8～9年生，株行距1.5米×1.5米，干周37～40厘米，树高3.5米，冠径1.5米×1.5米，单株平均结果能力20千克。

四、分析说明

在我国北方地区发展设施果树生产是个方向。农户建大棚栽植优新品种杏树，应用早期丰产技术，实行科学化管理，实现早果、优质、高效生产目标，不断增收增效。新品种，新技术，新的设施栽培模式，为当地果业发展起到了引领和示范作用。由于受动迁因素的影响，当事人设施栽培杏树的生产管理在后期有放松的倾向。

五、鉴定意见

鉴定设施栽培杏树的经济价值：以株数×单株平均结果能力×果品单价×补偿年限的方法计算。

118株杏树，单株平均结果能力20千克，每千克20元，补偿3年，即118×20×20×3=141600元。

以上118株设施栽培杏树，鉴定经济价值金额合计为：人民币壹拾肆万壹仟陆佰圆整。

附件：1.现场鉴定设施栽培杏树照片
　　　2.价格评估资格证书（略）
　　　3.司法鉴定人执业证（略）
　　　4.司法鉴定许可证（略）

司法鉴定人：（略）
司法鉴定人：（略）
司法鉴定人：（略）

司法鉴定机构：

某果树司法鉴定所
二〇一二年六月三日

案例55附图

图55-1　鉴定当事人设施栽培的金太阳、凯特杏树

图55-2　鉴定当事人设施栽培的凯特杏树生长、结果状况

案例56

某果树司法鉴定所关于水库建设征占设施栽培桃树价值的鉴定

某果司鉴所〔2012〕果鉴字第×号

一、基本情况

委托单位：葫芦岛市某县某镇某村3户当事人

委托鉴定事项：对水库建设征占设施栽培桃树经济价值鉴定

受理日期：2012年9月20日

鉴定材料：鉴定委托书、每户提供桃树株数、品种等情况，鉴定现场设施栽培的桃树等

鉴定日期：2012年9月26日

鉴定地点：某镇某村，3户当事人设施栽培桃树生产地块

在场人员：委托方当事人

二、检案摘要

因水库建设征地，征占3户当事人设施栽培地块，为获得征占设施栽培桃树的合理补偿，委托对桃树价值进行鉴定，作为桃树补偿的科学依据。

三、检验过程

果树司法鉴定人，出委托鉴定设施栽培桃树现场，对每户当事人设施栽培桃树的生长和结果现状等情况认真展开全面鉴定调查工作。调查采取随机选树，检测、检验、鉴别、记录、拍照等。同时调查了解与鉴定有关的情况。

鉴定调查桃树：树形开心形，树体完整，枝量齐全，生长、开花、结果正常，生产设施配套，技术管理配套。

1号当事人桃树950株，品种以春雪为主，株行距1.2米×1.3米不等，干周23～26厘米，树高1.7～3.0米，4～6年生，单株平均结果能力10千克。

2号当事人桃树544株，品种以春雪为主，株行距0.75米×1.6米不等，干周23厘米，树高1.6～2.3米，6～9年生，单株平均结果能力8千克。

3号当事人桃树560株，品种以春雪为主，株行距1米×1米不等，干周19厘米，树高2.2米，5～6年生，单株平均结果能力9千克。

四、分析说明

果树是多年生木本经济作物，栽于一地，多年生长，大量结果。果树属于高效农业，

发展设施果树生产，是目前农村农民增收致富的主要经济来源，也是重点发展方向。3户当事人采用设施栽培桃树生产，是北方果树生产模式。设施栽培的桃早春反季生产，水果上市时间早，市场价位高，增收空间大，很有发展前途。鉴定观察到，由于受到占地动迁因素影响，目前桃树处于放弃管理状态。

五、鉴定意见

鉴定征占设施栽培桃树的经济价值：以株数 × 单株平均结果能力 × 果品单价 × 补偿年限的方法计算。

1号当事人桃树950株，单株平均结果能力10千克，每千克14元，补偿3年，即950 × 10 × 14 × 3=399000元。

2号当事人桃树，544株，单株平均结果能力8千克，每千克14元，补偿3年，即544 × 8 × 14 × 3=182784元。

3号当事人桃树560株，单株平均结果能力9千克，每千克14元，补偿3年，即560 × 9 × 14 × 3=211680元。

合计：793 464元。

以上2 054株征占设施栽培桃树，鉴定经济价值金额合计为：人民币柒拾玖万叁仟肆佰陆拾肆圆整。

附件：1.现场鉴定征占设施栽培桃树照片
　　　2.价格评估资格证书（略）
　　　3.司法鉴定人执业证（略）
　　　4.司法鉴定许可证（略）

司法鉴定人：（略）
司法鉴定人：（略）
司法鉴定人：（略）

司法鉴定机构：

某果树司法鉴定所
二〇一二年九月三十日

案例56附图

图56-1　鉴定当事人设施栽培桃树

图56-2　鉴定当事人设施栽培桃树

第二十二章
承包土地到期栽植果树价值鉴定案例

案例57

某果树司法鉴定所关于承包土地到期栽植果树价值的鉴定

某果司鉴所〔2012〕果鉴字第×号

一、基本情况

委托单位：辽宁省某市中级人民法院

委托鉴定事项：被告收回承包到期土地，对原告在承包期栽植果树价值进行鉴定

受理日期：2012年6月8日

鉴定材料：司法鉴定委托书，鉴定现场承包期栽植的果树等

鉴定日期：2012年6月25日

鉴定地点：原告在土地承包期间栽植果树的地块

在场人员：委托方办案法官代表人，原告人，被告人等

二、检案摘要

被告通过诉讼途径收回原告承包地，原告承包地经营20多年，在承包地上栽植果树，进行了大量投入。原告起诉法院要求被告补偿在承包期间栽植果树投入的经费约5万元。产生果树资产经济纠纷一案。

三、检验过程

果树司法鉴定人，出委托鉴定果树现场，对委托鉴定事项认真展开鉴定调查工作。调查采取随机选树，检测、检验、鉴别、观察、记录、拍照等方法。同时调查了解与鉴定有关的情况。

调查原告栽植果树672株，品种以白梨、京白梨为主，有少量南果梨、安梨，最大树龄在20年生以上。最小树龄3年生。

在672株中，有32株梨树18～22年生，干周52厘米，树高3.5米，冠径3米×2.6米，单株平均结果能力12千克；有1株梨树，单株平均结果能力30千克；有3株梨树14～16年生，干周40厘米，树高2.5米，冠径1.8米×2.1米，单株平均结果能力5千克；有310株梨树7～8年生，干周30厘米，树高4米，冠径4米×3米，单株平均结果能力10千克；有126株梨树5～6年生，干周18厘米，树高3米，冠径1.2米×1.3米，单株平均结果能力5千克；有95株梨树3～4年生，干周11.8厘米，树高2米，冠径0.8米×0.6米，单株平均结果能力2千克；有10株金冠苹果树，18～22年生，干周73厘米，树高5米，冠径4米×4米，单株平均结果能力20千克；有95株枣树，5～8年生，干周20厘米，树高4米，冠径1.2米×1.5米，单株平均结果能力8千克。

四、分析说明

原告果园坐落在山坡地上，地势较高，梯田化栽植，株行距3米×4米不等，果树分布在5块地片上，面积大小不等。树龄大小不等，密度不同，树比较高，通风透光不良。整形修剪，拉枝开角，病虫防治，土、肥、水管理不到位，粗放管理，开花结果能力较低，果品质量差。多数果树生长接近正常，原有老梨树树体已残缺，基本失去应有的结果能力。今后需要加强果树管理与投入，提高果树全面管理水平，不断提高产量和质量，增加效益。

五、鉴定意见

鉴定土地承包到期承包人栽植果树的经济价值：以株数×单株平均结果能力×果品单价×补偿年限的方法计算。

1. 32株梨树，单株平均结果能力12千克，每千克3元，补偿5年。即32×12×3×5=5760元。

2. 1株梨树，单株结果能力30千克，每千克3元，补偿5年。即1×30×3×5=450元。

3. 3株梨树，单株平均结果能力5千克，每千克3元，补偿5年。即3×5×3×5=225元。

4. 310株梨树，单株平均结果能力10千克，每千克3元，补偿5年。即310×10×3×5=46500元。

5. 126株梨树，单株平均结果能力5千克，每千克3元，补偿5年。即126×5×3×5=9450元。

6. 95株梨树，单株平均结果能力2千克，每千克3元，补偿3年。即95×2×3×3=1710元。

7. 10株金冠苹果树，单株平均结果能力20千克，每千克3元，补偿5年。即10×20×3×5=3000元。

8. 95株枣树，单株平均结果能力8千克，每千克5元，补偿5年。即95×8×5×5=19000元。

合计：86 095元。

以上672株土地承包到期果树，鉴定果树经济价值金额合计为：人民币捌万陆仟零玖拾伍圆整。

附件：1.现场鉴定土地承包到期栽植果树照片
　　　2.价格评估资格证书（略）
　　　3.司法鉴定人执业证（略）
　　　4.司法鉴定许可证（略）

司法鉴定人：（略）
司法鉴定人：（略）
司法鉴定人：（略）

司法鉴定机构：

某果树司法鉴定所

二〇一二年六月三十日

案例57附图

图57-1　承包土地到期。鉴定承包人栽植20年生梨树、20年生苹果树

图57-2　承包土地到期。鉴定8年生梨树

图57-3　承包土地到期。鉴定6～8年生枣树

案例58

某果树司法鉴定所关于承包土地到期 栽植和高接梨树价值的鉴定

某果司鉴所〔2011〕果鉴字第×号

一、基本情况

委托单位：辽宁省某市某县人民法院

委托鉴定事项：对原告在承包期栽种37株梨树，高接94株梨树经济价值进行鉴定

受理日期：2011年7月21日

鉴定材料：委托鉴定书，现场地上栽培、高接的梨树等

鉴定日期：2011年9月15日

鉴定地点：某村，原告事前承包土地栽培果树地块

在场人员：鉴定委托方办案法官代表人，原告人等

二、检案摘要

原告承包土地到期，在承包期间栽培37株梨树，高接换头94株梨树，原告在土地承包期间增加了投入，因此诉求维权。产生经济损失纠纷一案。

三、检验过程

果树司法鉴定人，出委托鉴定梨树现场，对20～60年生，老品种高接换头花盖梨、小南果梨树，栽培的梨树，在现场全面认真地进行鉴定调查、检验、检测、记录、拍照等项工作。同时调查了解与鉴定有关的情况等。

1.在承包期间高接换头梨树94株，对酸性杂梨进行高接换头，20～60年生，高接花盖梨和大南果梨，调查的树高4.5米，冠径6米×6米。其中38株大梨树高接换头，单株平均结果能力100千克。56株小梨树高接换头，20年生，调查的树高3米，冠径1.5米×1.6米，单株平均结果能力8千克。

2.在承包期间栽培梨树37株，栽植花盖梨和大南果梨，5～6年生，树高2.6米，冠径1.5米×1.4米，干周12厘米，单株平均结果能力5千克。

四、分析说明

原告在承包土地期间对酸性杂梨进行高接换头，更换了花盖梨和大南果梨良种，高接树一般影响二三年产量和收入，恢复树冠和产量也需要二三年。高接树提高了产量、质量、效益，为以后水果生产奠定基础。另增加了果园投入和生产能力，果园缺株补栽或加密栽树，增加了全园果树株数和今后生产后劲。

五、鉴定意见

鉴定土地承包到期，承包人在土地承包期间栽植梨树和高接换头梨树的经济价值：以株数×单株平均结果能力×果品单价×补偿年限的方法计算。

1. 38株高接换头大梨树，单株平均结果能力100千克，每千克3元，补偿3年，即38×100×3×3=34200元。

2. 56株高接换头小梨树，单株平均结果能力8千克，每千克3元，补偿3年，即56×8×3×3=4032元。

3. 37株栽植梨树，单株平均结果能力5千克，每千克3元，补偿5年，即37×5×3×5=2775元。

合计：41 007元。

以上131株承包人在土地承包期间栽植梨树和高接梨树，鉴定经济价值金额合计为：人民币肆万壹仟零柒圆整。

附件：1.现场鉴定承包人在土地承包期间栽植、高接梨树照片
　　　2.价格评估资格证书（略）
　　　3.司法鉴定人执业证（略）
　　　4.司法鉴定许可证（略）

司法鉴定人：（略）
司法鉴定人：（略）
司法鉴定人：（略）

司法鉴定机构：

某果树司法鉴定所
二〇一一年九月十八日

案例58附图

图58-1　果树承包到期，鉴定原告在承
　　　　包期栽植的梨树

图58-2　果树承包到期，鉴定原告在承
　　　　包期高接换头的梨树

图58-3　果树承包到期，鉴定原告在承
　　　　包期高接换头的梨树

案例59

某果树司法鉴定所关于承包土地到期栽植果树价值的鉴定

某果司鉴所〔2012〕果鉴字第×号

一、基本情况

委托单位：辽宁省某市人民法院

委托鉴定事项：某村土地承包到期，对承包人栽植果树株数调查，并根据树种品种、树龄、长势情况等进行价值评估鉴定

受理日期：2012年2月15日

鉴定材料：鉴定委托书，果树株数调查表，鉴定现场地上果树等

鉴定日期：2012年2月16日

鉴定地点：某村收回到期土地，承包人栽植果树地块

在场人员：鉴定委托方办案法官代表人，村代表人，当事人、代表人等

二、检案摘要

因土地承包到期，发包方收回土地，承包人在土地承包期间栽植果树补偿问题，双方产生经济纠纷一案。

三、检验过程

果树司法鉴定人，出委托鉴定果树地块现场，对每户地块上的各种果树，采取全面勘查调查、检测、鉴别、记录、拍照等项工作。同时调查了解与鉴定有关的情况。

（一）1号区

地名双台沟。梨树116株，其中半死半活树97株，死树19株。多数树体残缺不全，基本上失去应有结果能力，调查树龄7～30年生不等，树高3.2～4.0米，干周25～73厘米。杏树6株，枣树2株，山楂树1株。果园间作高杆玉米，果树处于弃管撂荒状态，自然生长，杂草丛生，树上病虫害发生严重，树体自然更新，大部分果树已失去应有的结果能力和经济价值。

（二）2号区

地名上双台沟。梨树290株，其中活树280株，死树10株。树龄18年生左右，树高3.5米，干周45厘米，冠径4.0米×3.5米，树体基本齐全，单株平均结果能力18千克。果园间作高杆玉米，果树放弃管理，早已处于弃管撂荒状态，树体病虫害发生严重，自然生长，

杂草丛生，树体衰弱，部分果树已出现死枝、死树现象，树体处于更新状态，失去应有的结果能力。如果果树继续弃管，将导致果树死枝、死树现象的大量发生，全园梨树将失去应有结果能力和存在价值。

（三）3号区

地名杨家坟。梨树350株，其中320株大梨树，30株小梨树（树孩子）。调查树龄20～30年生，树高4米，干周62厘米，冠径2.2米×2.0米，单株平均结果能力16千克。果园间作高杆玉米，部分果树下部主枝已除掉，果树处于高干小树冠状态，树龄大，树冠小，树体残缺不全，果树早已弃管撂荒，自然生长，树体病虫害严重发生，树体衰弱。继续下去果树将失去应有结果能力和存在价值。

（四）4号区

地名大垅地。大梨树580株，调查梨树树龄20～30年生，树高4米，干周57～93厘米，冠径4米×4米，单株平均结果能力16千克。26株梨树，2年生。67株枣树，树龄6～15年生，树高4～5米，冠径2米×2米，单株平均结果能力15千克。果园间作高杆玉米，梨树早已放弃管理，树体病虫害发生严重，自然生长，杂草丛生，大部分梨树树体处于向心生长，自然更新状态，树体残缺不全，已出现死枝、死树现象，结果能力下降。如果继续弃管，梨树将会出现大量死枝、死树现象，失去结果能力和经济价值。

（五）5号区

地名老杨房门前。梨树194株，其中死树1株，活树193株，树龄20～30年生，树高4.5米，干周62～93厘米，单株平均结果能力28千克。果园间作高杆玉米，梨树处于弃管撂荒状态，大部分树体较齐全，生长发育比较正常。病虫害不同程度发生，部分树已出现死枝、死树现象，树势表现衰弱，结果能力下降。

四、分析说明

鉴定梨树树龄多在15～30年，梨的品种较杂，果树行间间作高杆玉米作物；果树处于弃管撂荒状态，自然生长，树下杂草丛生，病虫害严重发生，威胁果树生存；果树树龄大，树冠小，有树龄，无树冠，有的树存在无结果能力，或失去结果能力现象；有的果树有果无值，有的果树成为病残树，树势早衰，树体更新，全园果树死枝，死树现象大量发生。目前看果树大部分已无结果能力和生存价值。

五、鉴定意见

鉴定土地承包到期，承包人在承包期间栽植果树的经济价值：以株数×单株平均结果能力×果品单价×补偿年限的方法计算。

（一）1号区双台沟

97株梨树，单株平均结果能力10千克，每千克3元，补偿5年，即97×10×3×

5=14550元。

6株杏树，单株平均结果能力15千克，每千克3元，补偿5年，即6×15×3×5=1350元。

2株枣树，单株平均结果能力10千克，每千克4元，补偿5年，即2×10×4×5=400元。

1株山楂树，单株平均结果能力15千克，每千克4元，补偿5年，即1×15×4×5=300元。

合计：16 600元。

（二）2号区上双台沟

280株梨树、单株平均结果能力18千克，每千克3元，补偿5年，即280×18×3×5=75600元。

（三）3号区杨家坟

320株梨树，单株平均结果能力16千克，每千克3元，补偿5年，即320×16×3×5=76800元。

30株小梨树，单株平均结果能力4千克，每千克3元，补偿5年，即30×4×3×5=1800元。

合计：78 600元。

（四）4号区大垄地

580株梨树，单株平均结果能力16千克，每千克3元，补偿5年，即580×16×3×5=139200元。

26株小梨树，2年生，每株10元，即26×10=260元。

67株枣树，单株平均结果能力15千克，每千克4元，补偿5年，即67×15×4×5=20100元。

合计：159 560元。

（五）5号区老杨房门前

193株梨树，单株平均结果能力28千克，每千克3元，补偿5年，即193×28×3×5=81060元。

总计：411 420元。

以上1 602株承包人在土地承包期间栽植果树，鉴定果树经济价值总金额合计为：人民币肆拾壹万壹仟肆佰贰拾圆整。

附件：1.现场鉴定土地承包到期承包人栽植的果树照片

2.价格评估资格证书（略）

3.司法鉴定人执业证（略）

4.司法鉴定许可证（略）

司法鉴定人：（略）

司法鉴定人：（略）

司法鉴定人：（略）

司法鉴定机构：

某果树司法鉴定所

二〇一二年二月二十日

案例59附图

图59-1　承包土地到期，鉴定承包人栽植双台沟梨树

图59-2　承包土地到期，鉴定承包人栽植杨家坟梨树、大垄地梨树

图59-3　承包土地到期，鉴定承包人栽植大垄地枣树、老杨房门前梨树

案例60
某果树司法鉴定所关于承包土地到期栽植榛子树价值的鉴定

某果司鉴所〔2018〕果鉴字第×号

一、基本情况

委托单位：辽宁省耨市某县某乡某村委员会

委托鉴定事项：1.对当事人承包地上栽植的榛子树经济价值进行鉴定

2.对榛子树的成活、死亡情况进行鉴定

受理日期：2018年5月4日

鉴定材料：司法鉴定委托书，提供鉴定榛子树株数材料，现场地块上的榛子树等

鉴定日期：2018年5月6日

鉴定地点：某乡某村，当事人在承包地上栽植榛子树地块

在场人员：鉴定委托方代表人，当事人等

二、检案摘要

因当事人未履行2011年村民代表大会决定的承包义务，村委会决定收回土地。当事人在土地承包期间栽植榛子树，就榛子树补偿一事，双方产生经济纠纷事件。

三、鉴定过程

果树司法鉴定人，出委托鉴定榛子树现场，对委托鉴定榛子树事项，在全园采取随机定行、定树调查的方法，开展了检测、检验、鉴别、记录、拍照等项工作。同时调查了解与鉴定有关的情况。

（一）鉴定调查全园榛子树成活、死亡情况

全园有榛子树3 196株，对全园榛子树的成活、死亡情况，分3种类型进行鉴定调查。第一种类型，榛子树过冬后树体（地上地下）依然成活的；第二种类型，榛子树过冬后树体（地上）死亡后，在根颈部位重新萌芽的；第三种类型，榛子树过冬后树体（地上地下）全部死亡的。鉴定调查全园相对活树340株，树体（地上）死亡根颈部位重新萌芽的活树1 404株，树体（地上地下）全部死亡树1 452株。

（二）鉴定调查全园榛子树生长发育情况

鉴定调查应用卡尺、圈尺、剪子、手锯、放大镜等。榛子树栽植株行距2.0米×3.5米不等，树高1.5～2.3米，地径0.6～2.0厘米。榛子树无产量。

四、分析说明

榛子树行间间种玉米高秆作物，树行空间3～5垄，种植玉米距榛子树0.5米左右，榛子树生长通风透光不良。榛子树早已弃管撂荒，处于自然生长状态。树体和枝条生长不充实，年年越冬发生冻害和抽条，病虫害发生。全园榛子树年年发生死枝、死树、毁冠现象。

原栽榛子树地上部的树干和树冠大多数已经死亡。现有榛子树大多数是从原栽树根颈部位萌芽抽枝再生小树，多为二三年生，一穴几株不等，高矮不齐，死活并存，全园榛子树已无产量和效益，失去栽培意义和经济价值。全园死树占45.4%，从根颈部位重新萌生树占44%，较为正常活树只占10.6%。在平耕地上栽培几年榛子树，目前死树和根颈部重新萌生树占到90%左右，表明全园榛子树已经到了更新改造的程度，继续存在已无栽培意义和经济价值。

五、鉴定意见

鉴定承包人在承包地栽植榛子树的经济价值：以株数×单株平均单价的方法计算。

1. 340株（穴）活树，每株35元，即340×35=11900元。

2. 1 404株（穴）根颈部重新再生树，每株10元，即1404×10=14040元。

3. 1 452株（穴）死树，已无经济价值。

合计：25 940元。

以上3 196株（穴）榛子树，鉴定经济价值金额合计为：贰万伍仟玖佰肆拾圆整。

附件：1.现场鉴定土地承包人栽植榛子树照片

2.价格评估资格证书（略）

3.司法鉴定人执业证（略）

4.司法鉴定许可证（略）

司法鉴定人：（略）

司法鉴定人：（略）

司法鉴定人：（略）

司法鉴定人：（略）

司法鉴定机构：

某果树司法鉴定所

二〇一八年五月十三日

案例60附图

图60-1 鉴定当事人在承包土地上栽植榛子树的成活率与经济价值

图60-2 鉴定当事人在承包地上栽植的榛子树，越冬后地上部死亡根颈处重新萌生树

图60-3 鉴定当事人在承包地上栽植榛子树，越冬后大量死亡树、个别存活树状况

后　记

　　此书由获得国务院特殊津贴专家、推广研究员、果树司法鉴定人杨志义执笔编写，其他果树司法鉴定人等参加编写，历时半年，编写完成《果树司法鉴定类型案例选编》一书，正式出版发行。

　　开展果树业类司法鉴定活动12年来，较圆满地完成司法机关、公民、组织委托鉴定果树业类案件数百起，没有发生一起违法违规违纪问题和上访投诉事件，在社会上树立起良好的公信力和知名度。同时也面向社会开展法律援助和业务咨询活动，为化解矛盾，维护社会稳定作出应有的贡献。由于鉴定所开展司法鉴定活动和法律援助工作业绩突出，在每年的考核中，曾经5次受到司法机关和司法鉴定协会的奖励，被授予"维护社会稳定先进单位"和"司法鉴定先进个人"称号。

　　在成立果树司法鉴定所之时，要感谢市、省、部司法机关的支持。在为开展果树业类司法鉴定提供鉴定信息来源和帮助解决鉴定某个问题方面，要感谢中国农业科学院果树研究所、沈阳农业大学园艺学院、辽宁省果蚕管理总站、辽宁省果树科学研究所等单位的同行专家和学者。

　　在统览全篇书稿的语言和文字方面，要感谢《北方果树》期刊编委会时任顾问刘成先老所长、研究员和常务副主编李兴超研究员。

　　感谢所有为此书作出贡献的人！

编著者

2019年12月

图书在版编目（CIP）数据

果树司法鉴定类型案例选编／杨志义，伊凯，代建
民编著．—北京：中国农业出版社，2020.8
ISBN 978-7-109-21287-9

Ⅰ.①果… Ⅱ.①杨… ②伊… ③代… Ⅲ.①果树－
司法鉴定－中国 Ⅳ.①S66②D918.91

中国版本图书馆CIP数据核字(2020)第150769号

中国农业出版社出版
地址：北京市朝阳区麦子店街18号楼
邮编：100125
责任编辑：李昕昱　　文字编辑：黄璟冰
版式设计：王　怡　　责任校对：吴丽婷　　责任印制：王　宏
印刷：中农印务有限公司
版次：2020年8月第1版
印次：2020年8月北京第1次印刷
发行：新华书店北京发行所
开本：787mm×1092mm　1/16
印张：15.75
字数：300千字
定价：88.00元

版权所有·侵权必究

凡购买本社图书，如有印装质量问题，我社负责调换。

服务电话：010-59195115　010-59194918